15時間でわかる

Python

集中講座

露木誠／小田切篤 著

技術評論社

⚠️ 付属DVD-ROMに関するご説明はxxivページをご覧ください。

ご注意
ご購入・ご利用の前に必ずお読みください

●本書に記載された内容は、情報の提供のみを目的としています。したがって、本書を用いた運用は、必ずお客様自身の責任と判断によって行ってください。これらの情報の運用の結果について、技術評論社および著者はいかなる責任も負いません。

●本書記載の情報は、2015年12月現在のものを記載していますので、ご利用時には、変更されている場合もあります。ソフトウェアに関する記述は、特に断りのない限り、2015年12月現在での最新バージョンを基にしています。ソフトウェアはバージョンアップされる場合があり、本書での説明とは機能内容や画面図などが異なってしまうこともあり得ます。本書ご購入の前に、必ずバージョン番号をご確認ください。

●本書の内容および付属DVD-ROMに収録されている内容は、次の環境にて動作確認を行っています。

Windows 8.1 Pro / Mac OS X Yosemite
Ubuntu 14.04.3 LTS Desktop (64-bit)
PyCharm Community Edition 4.5.3
Python 3.4.0
MySQL Server 5.5

Ubuntu Linuxの長期サポート版14.04.3に付属のPython 3.4.0を利用しています。

　上記以外の環境をお使いの場合、操作方法、画面図、プログラムの動作などが本書内の表記と異なる場合があります。あらかじめご了承ください。
　付属DVD-ROM内のソフトウェアは作成時点（12月22日）の内容を同梱していますが、この日付以降のアップデートで修正されたセキュリティ問題が残っている可能性があります。あらかじめご了承ください。
　以上の注意事項をご承諾いただいた上で、本書をご利用ください。

●本書のサポート情報は下記のサイトで公開しています。
http://gihyo.jp/book/2016/978-4-7741-7892-9

※Microsoft、Windowsは、米国Microsoft Corporationの米国およびその他の国における商標または登録商標です。
※その他、本文中に記載されている製品の名称は、すべて関係各社の商標または登録商標です。

はじめに

　私がプログラミングの世界へ入門した方法は書籍でした。研修を受けるまでにしばらく待ち時間があったため、先に1人で本を読みつつプログラムを打ち込み、動作させ、少しプログラムを書き換えて再び動作をさせてみて、思ったとおりになるか確認をする、といったことをしていました。その甲斐あってか、実際に研修を受ける頃には教材の範囲内であれば同期に教えられるようになっていました。これは成功体験としての記憶となり、必要になりそうな技術や面白そうな技術は人に先んじて学んでおく癖がつきました。

　自分にとって、その書籍は恩人のようなものとなりました。これからプログラミングの世界に入ってくる人たちに同じような体験をしてもらうことは、私の責任のひとつなのではないかとずっと考えていました。ですから、本書はいつの日かしなければならない恩返しの大きなチャンスでした。しかし、いざ実際に現場で開発の仕事をする際に知っておいてほしいことをあらためて考えてみると、その種類や分量に軽く眩暈を覚えました。

　インターネットも普及を始めてからかなりの年月が経ち、多くの問題とその解決のための技術が積み重なっています。Pythonの言語仕様やライブラリを知ることはもちろん重要なのですが、それだけでは実務に使う方法がわかりません。そのため、Python自体とは直接関係しない部分にも多めにページを割いたものがあります。実務で現れるもののごく一部ではありますが、積み重ねの基本となる部分だと思って身につけておいてください。

　Pythonは学びやすいという特徴を持ちつつも、非常に適用範囲の広いプログラミング言語です。日常のテキスト処理やWebアプリケーション、マウスで操作できるグラフィカルなアプリケーションやゲーム、統計や深層学習のようなものまで、あらゆる分野において世界中の人や会社がPythonを選び、利用しています。本書は入門の書ですが、入門をした後には広大な世界があなたを待っています。ぜひ一緒にPythonで世界を盛り上げていきましょう。

2015年12月末日　著者一同

目次

はじめに ——————————————————————————————— iii

0時間目 仮想環境の準備 — xvi

仮想環境をインストールしよう — xvi
仮想環境の起動と終了方法を学ぼう — xvii

仮想環境を起動する
仮想環境を終了する
各種プログラムを起動しよう
PyCharmのプロジェクトを設定しよう

Part 1 基礎編 Pythonプログラミング

1時間目 イントロダクション — 002

1-1 Pythonの特徴 — 002
1-2 PyCharmでのPythonプログラミング — 003

1-2-1 プロジェクトを作成する
1-2-2 プロジェクトにPythonファイルを追加する
1-2-3 プログラム実行方法を設定する
1-2-4 PyCharmのPythonコンソール
1-2-5 プロジェクトのPythonファイルをPythonコンソールで利用する
1-2-6 helpやdirを利用する

2時間目 プログラミングの基礎 — 010

2-1 Pythonの組み込み型 — 010

2-1-1 数値と文字列
2-1-2 整数値の計算
2-1-3 浮動小数

iv

CONTENTS

- 2-1-4 演算子の優先順位
- 2-1-5 データ型による演算子の意味の違い

2-2 変数と代入 —————————————————— 014

- 2-2-1 変数に値を入れる
- 2-2-2 複数の値の代入
- 2-2-3 変数を使った式の評価
- 2-2-4 計算結果を変数に代入する

2-3 真偽値と制御構文 ————————————————— 018

- 2-3-1 真偽値
- 2-3-2 関係演算子
- 2-3-3 論理演算
- 2-3-4 ある条件を満たす場合だけ実行する
- 2-3-5 条件を満たさない場合の実行——else
- 2-3-6 複数の条件の連鎖——elif

2-4 反復——while ——————————————————— 023

- 2-4-1 単純な反復処理
- 2-4-2 反復途中で脱出する—break

2-5 アルゴリズム ——————————————————— 025

- 2-5-1 ユークリッドの互除法

3時間目 組み込みのデータ型 028

3-1 複数のデータを一気に扱うためのデータ型 —— 028

- 3-1-1 in演算子
- 3-1-2 スライス演算
- 3-1-3 負の値でのアクセス
- 3-1-4 データ型の相互変換

3-2 リスト — 033

3-2-1 リストに値を追加する
3-2-2 リスト同士を結合する

3-3 タプル — 035

3-3-1 リストとタプルの違い

3-4 セット — 036

3-4-1 セットの特徴
3-4-2 セットに値を追加する
3-4-3 frozenset
3-4-4 集合演算

3-5 辞書 — 039

3-5-1 辞書の特徴
3-5-2 辞書内に存在しないキーの扱い
3-5-3 values、items、keys

3-6 反復for — 041

3-6-1 for文でリストの要素を処理する
3-6-2 タプルのリストをfor文で処理する
3-6-3 イテレータ
3-6-4 数値列を生成する
3-6-5 for文でループ回数を使う

4時間目 関数 — 046

4-1 Pythonの関数 — 046

4-1-1 関数を定義する

4-2 関数の構造 — 047

4-2-1 引数と戻り値

- 4-2-2 キーワード引数
- 4-2-3 可変長引数
- 4-2-4 キーワードの可変長引数
- 4-2-5 引数のデフォルト値
- 4-2-6 キーワードオンリー引数

4-3 関数の応用 — 052

- 4-3-1 変数のスコープ
- 4-3-2 関数を変数に代入する
- 4-3-3 関数を受け取る関数
- 4-3-4 関数を返す関数
- 4-3-5 無名関数
- 4-3-6 関数のドキュメント

4-4 モジュールとパッケージ — 056

- 4-4-1 Pythonのモジュール
- 4-4-2 簡単なモジュール
- 4-4-3 二種類のimport文
- 4-4-4 Pythonのパッケージ
- 4-4-5 パッケージの作成
- 4-4-6 パッケージのimport
- 4-4-7 モジュール内の特殊な変数

4-5 機能の分割 — 061

- 4-5-1 モジュールやパッケージの分割統治
- 4-5-2 関数の階層化

5時間目 クラスとインスタンス — 064

5-1 Pythonのクラス — 064

- 5-1-1 クラスを定義する
- 5-1-2 メソッドを呼び出す

目次

- 5-1-3　オブジェクトの属性とメソッド
- 5-1-4　プロパティ
- 5-1-5　クラス内のメソッドで処理をまとめる

5-2　継承 ────────────────── 070

- 5-2-1　継承で処理を拡張する
- 5-2-2　継承で処理を追加する
- 5-2-3　オブジェクトのクラスを確認する

5-3　スペシャルメソッド ────────── 073

- 5-3-1　int型への変換
- 5-3-2　リストやタプルなどへの変換
- 5-3-3　真偽値として扱えるようにする

6時間目　覚えておきたいPythonの文法 ────── 078

6-1　ジェネレータ ────────────── 078

- 6-1-1　ジェネレータとは
- 6-1-2　サブジェネレータ
- 6-1-3　途中で値を受け取るジェネレータ
- 6-1-4　ジェネレータの戻り値
- 6-1-5　サブジェネレータの返す値を受け取る

6-2　内包表記 ──────────────── 084

- 6-2-1　リスト内包表記
- 6-2-2　さまざまな内包表記
- 6-2-3　ジェネレータ内包表記

6-3　コンテキストブロック ───────── 087

- 6-3-1　簡単なコンテキストマネージャ
- 6-3-2　contextlibを使ったコンテキストマネージャの作成

6-4 デコレータ —— 089

- 6-4-1 関数を受け取り、関数を返す関数
- 6-4-2 デコレータの文法
- 6-4-3 デコレータ対象の引数と戻り値
- 6-4-4 デコレータで引数や戻り値を変更する
- 6-4-5 functools.wraps

7時間目 ファイルと文字列 096

7-1 ファイルと文字列 —— 096

- 7-1-1 文字列とバイト列
- 7-1-2 文字列とバイト列の相互変換
- 7-1-3 テキストファイルを読み込む
- 7-1-4 テキストファイルの文字コード
- 7-1-5 with文で安全にファイルを扱う
- 7-1-6 バイト列の読み込み
- 7-1-7 ファイルに書き込もう
- 7-1-8 テキストファイルの行ごとの読み込み
- 7-1-9 既存のファイルに追記する
- 7-1-10 ioモジュール
- 7-1-11 ユーザ入力を読み取ろう

7-2 ファイルシステム —— 105

- 7-2-1 ディレクトリの作成
- 7-2-2 ファイルパスの操作

7-3 正規表現 —— 108

- 7-3-1 Pythonで扱える正規表現
- 7-3-2 正規表現で文字列を検索しよう
- 7-3-3 検索結果の内容を利用する
- 7-3-4 正規表現で文字列を変換しよう

7-2 日付と時刻 — 113

- 7-4-1 時刻と時間の違い
- 7-4-2 時間の計算
- 7-4-3 ローカルタイムとグローバルタイム
- 7-4-4 タイムゾーン付きのdatetime
- 7-4-5 日時の文字列表現

8時間目 例外処理とログ — 118

8-1 例外処理 — 118

- 8-1-1 例外処理の基本
- 8-1-2 例外を発生させる
- 8-1-3 finallyでエラーが発生しても処理を実行させる
- 8-1-4 組み込みの例外
- 8-1-5 例外を定義する

8-2 ログ — 123

- 8-2-1 ログを出力する理由
- 8-2-2 ログを出力してみよう
- 8-2-3 ログレベル
- 8-2-4 ハンドラーとログフォーマット
- 8-2-5 ログフォーマットの内容
- 8-2-6 ロガーの親子関係
- 8-2-7 basicConfig
- 8-2-8 例外発生時にログ出力する
- 8-2-9 ロガーを設定ファイルから読み込む

CONTENTS

Part 2 実践編 ソフトウェア開発とテスト

9時間目 ソフトウェアテスト　136

9-1 ソフトウェアテストとは　136
- 9-1-1 なぜテストを行うのか
- 9-1-2 機能テストと性能テスト
- 9-1-3 テストケースとは

9-2 さまざまなテスト　139
- 9-2-1 代表値と境界値
- 9-2-2 カバレッジとは

9-3 doctestとunittest　142
- 9-3-1 自動テスト支援ツール

9-4 基本的なテスト　145
- 9-4-1 doctestを書いてみよう
- 9-4-2 doctestを実行しよう
- 9-4-3 ユニットテストを書いてみよう
- 9-4-4 ユニットテストを実行しよう
- 9-4-5 unittest.Mockで依存を取り除こう
- 9-4-6 カバレッジを見てみよう

10時間目 デバッグ　176

10-1 デバッグとテスト　176
- 10-1-1 自動テストの意義
- 10-1-2 バグ報告を適切に行おう

目次

10-2 バグの場所を特定する ― 178
- 10-2-1 トレースバックを利用しよう

10-3 ソースコードを静的に読むデバッグ ― 180
- 10-3-1 実装を確認しよう
- 10-3-2 問題部分を特定して修正しよう

10-4 プログラムの挙動を動的に見るデバッグ ― 183
- 10-4-1 動的デバッグの手順
- 10-4-2 バグの原因を見つけよう
- 10-4-3 バグの修正と確認
- 10-4-4 動作しているプログラムの状態を見てみよう
- 10-4-5 pdbを使ったデバッグ

11時間目 Webアプリケーション ― 198

11-1 Webアプリケーション ― 198
- 11-1-1 何がWebアプリケーションなのか？
- 11-1-2 Webアプリケーションはどう動くのか？

11-2 Webアプリケーション開発の基本 ― 200
- 11-2-1 クライアントとブラウザ
- 11-2-2 サーバ
- 11-2-3 リクエストとレスポンス
- 11-2-4 HTML
- 11-2-5 HTML以外のレスポンス

11-3 WebアプリケーションとPython ― 216
- 11-3-1 サーバサイドPython
- 11-3-2 Webアプリケーションの設計

11-4 サーバ上でのWebアプリケーション —— 219

- 11-4-1 準備
- 11-4-2 ページを表示してみよう
- 11-4-3 プログラムからメッセージを表示しよう

12時間目 動的ページ —— 224

12-1 Flaskの導入 —— 224

- 12-1-1 URLと関数のルーティング
- 12-1-2 Webブラウザに文字を表示してみよう

12-2 テンプレート（Jinja2）の導入 —— 232

- 12-2-1 プログラムから値を渡してみよう
- 12-2-2 プログラムとの使い分け

12-3 formを使った入力画面 —— 245

- 12-3-1 form
- 12-3-2 formの要素
- 12-3-3 サーバ側で入力値を受け取る

13時間目 データの保存 —— 254

13-1 ステートとセッション —— 254

- 13-1-1 ステートレス
- 13-1-2 HTTPセッション
- 13-1-3 セッションの消失

13-2 データベースの基礎 —— 259

- 13-2-1 SQL
- 13-2-2 O/Rマッピング

目次

13-1 データベース操作 — 272
- 13-3-1 PythonのO/R Mapper
- 13-3-2 データを保存しよう
- 13-3-3 データを上書き保存しよう
- 13-3-4 データを削除してみよう

14時間目 Webアプリケーションの実践 — 286

14-1 データの登録をWebアプリケーションにしてみよう — 286
- 14-1-1 Webアプリケーションライブラリの構成

14-2 データの登録と変更 — 287
- 14-2-1 データを一覧表示してみよう
- 14-2-2 WTFormと入力バリデーション
- 14-2-3 データの更新
- 14-2-4 CSRF対策

14-3 データの削除 — 304
- 14-3-1 物理削除と論理削除
- 14-3-2 物理削除してみよう

15時間目 Webアプリケーションのセキュリティ — 308

15-1 Webとセキュリティ — 308
- 15-1-1 セキュリティの原則

15-2 情報を守るための技術 — 309
- 15-2-1 第三者を区別する
- 15-2-2 パスワードのハッシュ化
- 15-2-3 通信の暗号化
- 15-2-4 情報流出から情報を守る

15-3 よくあるセキュリティホール ——— 312

- 15-3-1　SQLインジェクション
- 15-3-2　XSS（クロスサイトスクリプティング）
- 15-3-3　CSRF（クロスサイトリクエストフォージェリ）
- 15-3-4　ディレクトリトラバーサル

索引 ——— 322
おわりに ——— 326
著者略歴 ——— 327

0時間目 仮想環境の準備

本書ではPythonを学習していきます。まずは学習のための仮想環境の準備をします。細かい設定はあらかじめ行われているので、付属のDVD-ROMから環境をインストールすれば、すぐに学習に入れます。

今回のゴール

- 仮想環境のインストール、起動と終了ができるようになる
- 各種プログラムの役割と起動方法を理解する
- PyCharmのプロジェクト設定ができるようになる

≫ 仮想環境をインストールしよう

本書の仮想環境にはVMWare Playerを用います。次のサイトに移動しましょう。

https://www.vmware.com/jp/

ダウンロードからVMWare Playerを選択し（図0.1）、使っているOSに対応したダウンロードボタンをクリックします。本書はWindows環境を想定しています。Windows用のボタンを選択しましょう。

図0.1 VMWare Playerの選択

ダウンロードしたファイルをダブルクリックして実行するとインストーラが起動します。表示に従って操作すればVMWare Playerがインストールできます。

仮想環境の起動と終了方法を学ぼう

VMWare Playerをインストールしたら仮想環境の起動を行います。本書の仮想環境はUbuntu 14.04.3 LTS 64bit版をベースに作成しています。難しい設定は前もって済ませてあるので、以下の手順で操作します。

仮想環境を起動する

まずは本書付属のDVD-ROMに入っている「Kasou.zip」ファイルを解凍しましょう。解凍して出てきた「Kasou」フォルダをデスクトップにコピーしておいてください。

VMWare Playerを起動すると、以下のような画面が出てきます（**図0.2**）。

図0.2 VMWare Playerの起動画面

「仮想マシンを開く」を選択し、先ほどコピーした「Kasou」フォルダから「Python15h.vmx」をダブルクリックしてください。図0.2の画面に「Python15h」が表示されるので、「仮想マシンの再生」を選択します。図0.3のダイアログが表示されたら「コピーしました」を選択してください。

図0.3 表示されるダイアログ

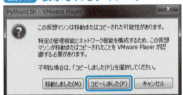

しばらくするとUbuntuが起動してログイン画面（図0.4）が表示されます。ユーザ名が「guest」となっていることを確認し、「パスワード」に「guest」を入力して、エンターキーを押します。正常にログインできると、デスクトップ画面が表示されます。

図0.4 ログイン画面

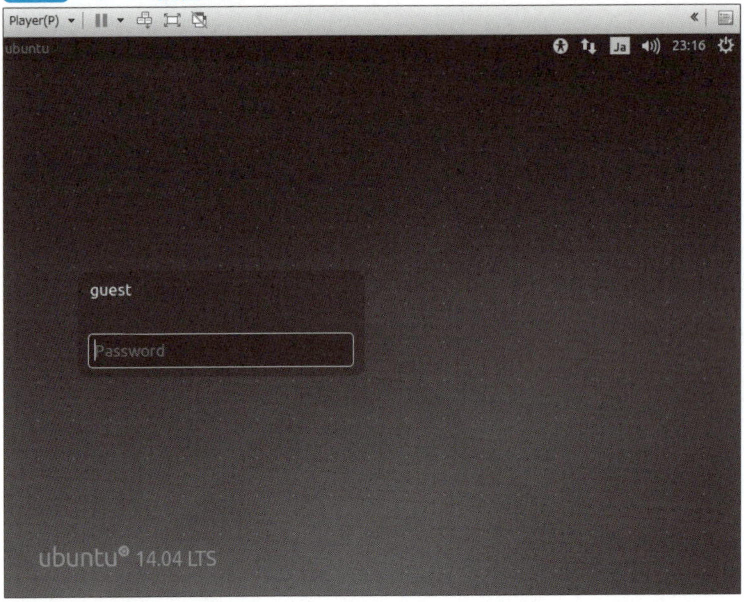

仮想環境を終了する

仮想環境を終了するには、Ubuntuのデスクトップ画面右上の歯車の形をしたメニューから［Shut Down...］を選択します（**図0.5**）。表示されたダイアログから［Shut Down］を選択すると、仮想環境が終了します。

図0.5 仮想環境の終了

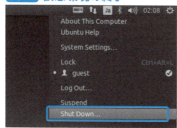

各種プログラムを起動しよう

本書で利用するアプリケーションは主にterminalとPyCharmの2つです。2つのアプリケーションはあらかじめデスクトップ左にあるUnity Dockに配置してあります。Unity Dockのそれぞれのアプリケーションをクリックすればアプリケーションが起動します（**図0.6**、**図0.7**）。

図0.6 ドックのterminalアイコン

図0.7 ドックのPyCharmアイコン

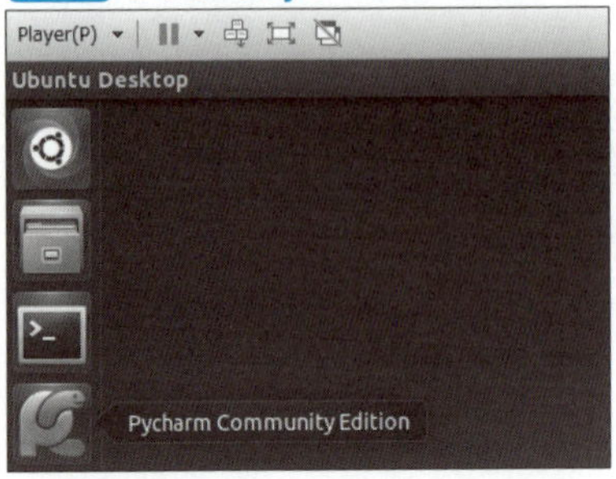

PyCharmのプロジェクトを設定しよう

　仮想環境には、各時間ごとのサンプルのプログラムと、そのサンプルのプログラムを動かすために必要なライブラリをインストールしたPythonの仮想環境が準備されています。

　Pythonの仮想環境は、1つのシステム（今回の場合はUbuntu Desktop）に複数のPythonの環境を作ることができます。本書の場合、各時間ごとのPythonの仮想環境には各時間ごとのサンプルプログラムに必要なライブラリのみをインストールしています。

　PyCharmを起動すると、プロジェクトを新規作成するか、既存のプロジェクトを開くか選択する画面が表示されます（**図0.8**）。

図0.8 初期起動画面

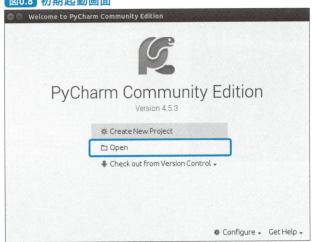

サンプルプログラムが用意されている時間を学ぶときには、「Open」を選択して既存のフォルダーを開きます。

サンプルプログラムは以下の場所にあります。chapterに続く2桁の数字は何時間目かを表しています。

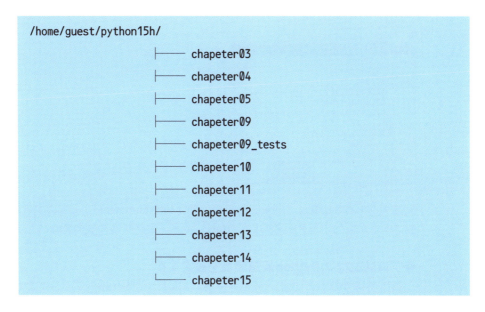

例として「**14時間目** Webアプリケーションの実践」を学ぶときの設定を見ていきましょう。chapter14のプロジェクトを開き、chapter14のPython仮想環境をプロジェクトに設定します。

◆プロジェクトのフォルダを開く

図0.8の画面で「Open」を選択すると、プロジェクトフォルダ選択画面（**図0.9**）が表示されます。

図0.9 プロジェクトフォルダの選択画面

　ファイルパスに直に「/home/guest/python15h/chapeter14」と入力するか、ファイルツリーからフォルダを選択して［OK］ボタンをクリックします。

◆プロジェクトのPython仮想環境を設定する

　画面が切り替わるので、メニューを［File］→［Settings...］とたどります（**図0.10**）。設定の画面になったら、左側の「Project: chapeter14」の左の三角のマークをクリックし、項目を開きます。表示された中の「Project Interpreter」という項目を選択して、設定画面右上の歯車ボタンをクリックし、［Add Local］を選択します（**図0.11**）。

図0.10 プロジェクトの設定へ

図0.11 プロジェクト用Python仮想環境の選択（1）

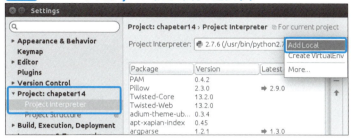

「Select Python Interpreter」というダイアログが表示されます（**図0.12**）。ファイルパスに直に「/home/guest/venv/chapter14/bin/python」と入力するか、ファイルツリーから「python」を選択し、[OK]ボタンをクリックします。

図0.12 プロジェクト用Python仮想環境の選択（2）

プロジェクト用のPython仮想環境が設定され、インストールされているライブラリが表示されます（**図0.13**）。間違えずに選択できたら、[OK]ボタンをクリックします。エディタの画面に戻り、ライブラリのIndexing（索引付け）が行われます。各時間のプロジェクト設定はこれで完了です。

図0.13 プロジェクト用Python仮想環境の選択(3)

◆設定する内容の確認

時間ごとにサンプルプログラムのフォルダとPythonの仮想環境を以下のように設定すればよいようになっています。

- **サンプルプログラムのフォルダ**
  /home/guest/python15h/chapter<2桁の番号>
- **Pythonの仮想環境**
  /home/guest/python15h/venv/chapter<2桁の番号>/bin/python

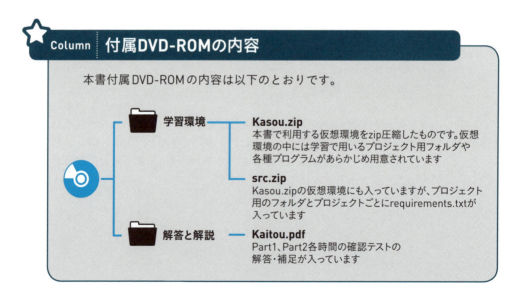

Column 付属DVD-ROMの内容

本書付属DVD-ROMの内容は以下のとおりです。

学習環境 — **Kasou.zip**
本書で利用する仮想環境をzip圧縮したものです。仮想環境の中には学習で用いるプロジェクト用フォルダや各種プログラムがあらかじめ用意されています

src.zip
Kasou.zipの仮想環境にも入っていますが、プロジェクト用のフォルダとプロジェクトごとにrequirements.txtが入っています

解答と解説 — **Kaitou.pdf**
Part1、Part2各時間の確認テストの解答・補足が入っています

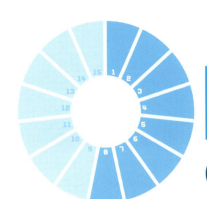

Part 1
基礎編

Python プログラミング

- **1時間目** イントロダクション ——— 002
- **2時間目** プログラミングの基礎 ——— 010
- **3時間目** 組み込みのデータ型 ——— 028
- **4時間目** 関数 ——— 046
- **5時間目** クラスとインスタンス ——— 064
- **6時間目** 覚えておきたいPythonの文法 ——— 078
- **7時間目** ファイルと文字列 ——— 096
- **8時間目** 例外処理とログ ——— 118

1時間目 イントロダクション

Pythonはプログラミング言語の一種です。Pythonで書かれたプログラムは、Pythonインタプリタによって解釈され実行されます。PyCharmはPythonプログラミングに必要なツールがそろった開発統合環境です。さあ、PyCharmを使ってPythonプログラミングを始めていきましょう。

今回のゴール

- Pythonの特徴を知る
- PyCharmを使ってPythonプログラムを作成して実行する方法を知る

≫ 1-1 Pythonの特徴

　世の中には多くのプログラミング言語があり、さまざまな特徴を持っています。Pythonには、次のような特徴があります。

◆読みやすく覚えやすい文法

　Pythonの文法は、キーワードや括弧を多用するのではなく、英語の文章のように記述していけるように設計されています。

　プログラムの処理の流れを制御するif文やfor文などに対して、括弧を使ってブロック（段落）を表現するプログラミング言語が多い中、Pythonは括弧を使わずにインデントでブロックを表します。括弧の対応を確認するまでもなく、一目瞭然です。

◆オブジェクト指向

　Pythonでは、クラスをもとにした「オブジェクト指向」と呼ばれる考え方をサポートしています。「オブジェクト」は、データとそのデータを操作するためのメソッドを

1つのまとまりとしたもののことです。オブジェクトを作成するための定義を「クラス」と呼び、class構文で定義します。また、classで新たな型を作るだけでなく、関数やモジュールなどのプログラムを構成する要素も、オブジェクトとして扱えます。

◆インタプリタ

Pythonプログラムは「インタプリタ」形式で実行されます。インタプリタ形式は直接Pythonプログラムのソースコードを読み込み実行します。事前にソースコードを実行形式に変換するコンパイラ形式と比べて、手間が少なく、書いたばかりのコードをすぐにインタプリタでロードして動作を確認できます。

◆バッテリーインクルード

Pythonの標準ライブラリには、「バッテリーインクルード」と呼ばれるほど多くのモジュールが含まれており、電池付きのおもちゃのように、Pythonをインストールしただけで多くのことができます。「ライブラリ」とは、あらかじめ作り込まれた機能のことです。Pythonの主な標準ライブラリを次に示します。

- re
- csv
- json
- math
- urllib
- unittest
- threading
- socket
- http、ftplib、poplib、imaplib、smtplib、smtpd
- tkinter
- pydoc

1-2 PyCharmでのPythonプログラミング

「PyCharm」は、Pythonに特化したIDE（統合開発環境）です。Pythonプログラミングをするための機能が数多く用意されています。PyCharmを起動して、簡単なPythonプログラミングを作成してみましょう。

1-2-1　プロジェクトを作成する

　Pythonプログラムを実行するために、プロジェクトを作成してみましょう。ログインしているユーザ「guest」のホームディレクトリ「/home/guest」の下にある「python15h」ディレクトリに、新しく「chapter01」プロジェクトを作成します。

図1.1 PyCharmにプロジェクトを追加する

　ここでは、このプロジェクトにPythonプログラムのファイルを追加して実行します。

1-2-2　プロジェクトにPythonファイルを追加する

　hello.pyファイルを作成してみましょう。ファイルを作成するには、PyCharmの［ファイル］メニューから［New］→［Python File］と選択します。**リスト1.1**の内容を記述してください。

リスト1.1 hello.py

```
print('Hello')
```

　次に、Projectビューからファイルを選択して、［Run 'hello'］を選択します。Runビューが開き、hello.pyの実行結果が表示されます。

```
/usr/bin/python /home/guest/python15h/chapter01/hello.py
Hello

Process finished with exit code 0
```

1-2-3　プログラム実行方法を設定する

リスト1.1では、単純に文字列を表示するだけでした。多くのプログラムは何らかのデータを入力として受け取って、そのデータをもとに処理を実行します。入力されるデータは、ウィンドウに表示されたテキスト入力であったり、データベースやファイルから読み取ったデータであったりします。一番簡単なデータの入力は、プログラムを実行するときにコマンドライン引数で文字列を渡す方法です。

PyCharmでプログラムを実行するときにコマンドライン引数を渡すようにしてみましょう。プログラムがコマンドライン引数を処理するように、hello.pyを**リスト**1.2のように変更してください。

リスト1.2 プログラムにコマンドライン引数を処理させるための変更

```
import sys
print('Hello, {0}'.format(sys.argv[1]))
```

「import sys」は、「sys」というライブラリを利用するという意味です。Pythonではコマンドライン引数を扱うために、sysモジュールを利用します。この状態で［Run 'hello'］で実行してもコマンドライン引数が渡されないため、エラーとなってしまいます。

［Run 'hello'］で、コマンドライン引数を渡して実行するようにしましょう。PyCharmの［Run］メニューから［Edit Configurations ...］を選択します。**図**1.2のような設定ダイアログが表示されます。

図1.2 hello.pyの実行設定

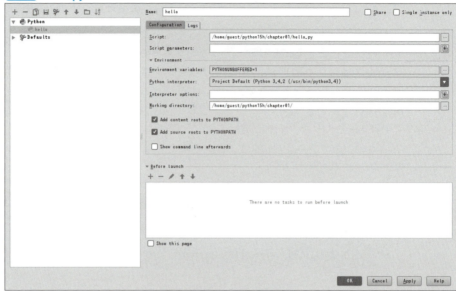

　この設定ダイアログの中で、［Script parameters:］がコマンドライン引数の設定項目です。ここに、［Python15h］と入力して、［OK］ボタンを押しましょう。

　これで、［Run 'hello'］を実行したときにコマンドライン引数を渡して実行できるようになりました。再度Projectビューからファイルを選択して、［Run 'hello'］を実行してみましょう。次のような実行結果になります。

```
/usr/bin/python /home/guest/python15h/chapter01/hello.py Python15h
Hello, Python15h

Process finished with exit code 0
```

1-2-4　PyCharmのPythonコンソール

　ファイルに保存せずに直接Pythonインタプリタを使ってプログラムを実行することもできます。PyCharmのメニューから［View］→［Tool Windows］→［Python Console］と選択し、インタプリタウィンドウを開きます（**図1.3**）。「>>>」のプロンプトに対してPythonのソースコードを記述します。

```
>>> print('Hello')
Hello
```

図1.3 PyCharmのPythonコンソール

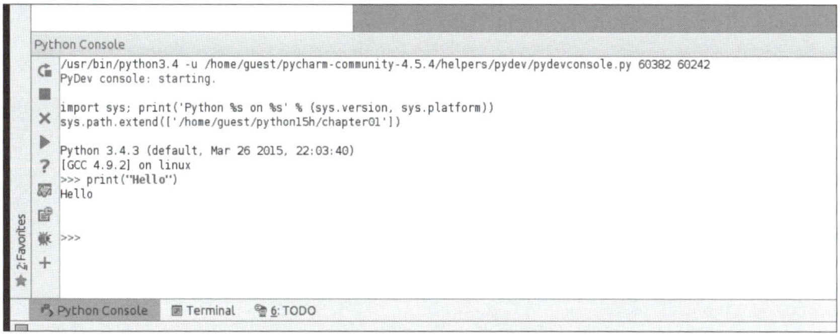

これからPythonについて書かれている文章をたくさん読むことになるでしょう。「>>>」で始まる記述を見かけたら、それはPythonコンソールでの実行をイメージしています。

1-2-5　プロジェクトのPythonファイルをPythonコンソールで利用する

関数やクラスをプロジェクト内のPythonファイルに定義して、Pythonコンソールで利用できます。mymath.pyを**リスト1.3**の内容で作成してみましょう。

リスト1.3 mymath.py

```
def add(a, b):
    return a + b
```

そして、PyCharmのPythonコンソールで以下のように実行します。

```
>>> import mymath
>>> mymath.add(1, 2)
3
```

Pythonコンソールを利用すると、自分で書いたプログラムをすぐに確認できます。

1-2-6　helpやdirを利用する

Pythonコンソールなどで「help」を使うと、関数やクラスのドキュメントを確認できます。

```
>>> help(print)
Help on built-in function print in module builtins:

print(...)
    print(value, ..., sep=' ', end='\n', file=sys.stdout, flush=False)

    Prints the values to a stream, or to sys.stdout by default.
    Optional keyword arguments:
    file:  a file-like object (stream); defaults to the current sys.stdout.
    sep:   string inserted between values, default a space.
    end:   string appended after the last value, default a newline.
    flush: whether to forcibly flush the stream.
```

printはオブジェクトを表示する関数ですが、さまざまなオプションを持っています。「help(print)」とすれば、print関数の説明が表示されます。「dir」を使うと、そのオブジェクトが持っている属性の名前をすべて取得できます。

```
>>> import sys
>>> dir(sys)
[ ... 'argv', ... 'exit', ...  'path', ... 'stderr', 'stdin', ↵
'stdout', ... 'version' ...]
```

sysモジュールは多くの関数や変数を持っています。「help(sys)」としてドキュメントでも確認できますが、単純に名前を確認するだけであればdirで確認できます。

Column: Python用の開発環境

　本書では、Pythonの開発環境にPyCharm Community Editionを利用しています。PyCharmには、さらに機能が豊富なProfessional Editionという有償版もあります。

　Pythonの開発では、PyCharm以外の開発環境も利用できます。Eclipseという開発環境では、PyDevというプラグインによってPythonをサポートしていますし、Windowsで利用するなら、Visual StudioにPython Tools for Visual Studioを追加すればPython用の開発環境となります。このような開発環境を使わずに、EmacsやVIMのようなエディタを使う人達も多くいます。

　PyCharmはPython用に作成されているため、導入もたやすく、設定もわかりやすくなっています。とはいえ、Python専用であるために、他のプログラミング言語などを扱いたいと思った場合には融通が利かない面もあります。

　PyCharmでの開発に慣れたら、他の開発環境を使ったPythonプログラミングのしかたを考えてみるのもよいでしょう。

確認テスト

Q1 Pythonの特徴を周りの人に説明してみましょう。

Q2 PyCharmでPythonコンソールを開いて、jsonモジュールの使い方を調べてみましょう。

2時間目 プログラミングの基礎

プログラムはアルゴリズムとデータ構造で成り立っています。アルゴリズムとはプログラムが処理を行う手順のことで、逐次実行、分岐、反復の3種類の処理の組み合わせです。これらの処理を、Pythonはif文やwhile文といった制御構文でサポートしています。また、アルゴリズムの処理中は変数に値を入れて処理を繰り返します。変数や制御構文を使ってアルゴリズムをPythonで書けるようになりましょう。

今回のゴール

- Pythonでさまざまな計算をできるようになる
- 変数や制御構文を理解する
- 分岐や反復を組み合わせてアルゴリズムを実装できるようになる

2-1 Pythonの組み込み型

プログラムには計算に使う数字や文章の表示に使うテキストなどが登場します。Pythonは、整数や小数、文字列など、さまざまな種類のデータを扱えます。これらの基本的なデータ型は最初から利用できるように用意されており、「組み込み型」と呼ばれます。

式の大元となる値にどのようなものがあるか確認してみましょう。

2-1-1 数値と文字列

Pythonコンソールで組み込み型を打ち込んでみましょう。

```
>>> True
True
```

```
>>> False
False
>>> 1
1
>>> 0.3
0.3
>>> "Hello"
'Hello'
>>> 'こんにちは'
'こんにちは'
```

このようにデータを直接表す書き方を「リテラル」と呼びます。リテラルではない書き方については少し後で触れます。

2-1-2　整数値の計算

整数は、もっとも基本的なデータです。Pythonでは単純に数字で表されます。正の数、負の数を扱えます。

```
>>> 1
1
>>> +1
1
>>> -10
-10
```

整数値を使っていくつか計算してみましょう。

```
>>> 2 + 3
5
>>> 3 - 2
1
```

```
>>> 2 - 3
-1
>>> 2 * 3
6
>>> 6 / 3
2
```

Pythonでは、整数値の四則演算以外に、べき乗や剰余もサポートされています。

```
>>> 2 ** 3
8
>>> 8 / 6
1.3333333333333333
>>> 8 // 6
1
>>> 8 % 6
2
```

通常の割り算には「/」を使いますが、「//」を使うと小数点以下を切り捨てた結果を得られます。「%」は割り算の余り（剰余）を求める演算子です。

2-1-3　浮動小数

整数値と同様に小数値も扱えます（実際、前出の割り算の「結果」でも登場しました）。Pythonは小数の扱いに浮動小数点を採用しています。浮動小数形式は2進数で小数を表します。そのため、表現できる小数の精度に限界があります。

```
>>> 0.999999999999999
0.999999999999999
>>> 0.9999999999999999
1.0
```

このように、表現できる精度を超えた値は表現可能な値に丸められ、誤差が生じます。

この誤差は「丸め誤差」と呼ばれます。この丸め誤差は、四則演算中にも現れます。

```
>>> 0.3
0.3
>>> 0.3 * 3
0.8999999999999999
>>> (0.3 * 3) / 3
0.3
>>> 0.8 * 3
2.4000000000000004
```

丸め誤差は小数を扱うと必ず付いて回る問題です。プログラムではどのくらいの精度が必要になるのか、気を付けて扱いましょう。

2-1-4　演算子の優先順位

複数の演算子を利用した計算では、演算子の優先順位によって計算の順序が決まります。例えば「+」「-」よりも「*」「/」などの演算子は優先順位が高いため、先に計算されます。計算順序を変更するには、計算式の中で先に計算したい部分を「( )」で囲みます。

```
>>> 2 + 3 * 4
14
>>> (2 + 3) * 4
20
```

「2 + 3 * 4」では、先に「3 * 4」が計算され、その後「2 + 12」が計算されます。よって、計算結果は14になります。「2 + 3」を先に計算したい場合は、「(2 + 3)」とします。「(2 + 3)」が先に計算され、それから「5 * 4」となるため、計算結果は20になります。

2-1-5　データ型による演算子の意味の違い

整数値や小数では、「+」は見た目のとおり、値の足し算が行われます。Pythonでは、これらの演算子はデータ型によって処理が決められています。例えば、"a" + "b"

のように文字列同士を「+」で足し合わせると、2つの文字列を連結した文字列が計算結果として得られます。

```
>>> "Hello, " + "world!"
'Hello, world!'
```

また、文字列と整数の掛け算で、文字列の繰り返しを作成できます。

```
>>> "a" * 3
'aaa'
>>> "Hello" * 2
'HelloHello'
```

「"a" * 3」とした場合は文字列"a"を3回分繰り返した"aaa"という文字列になります。「"Hello" * 2」のように2文字以上の文字列でも、同じように掛け算を利用できます。

2-2 変数と代入

　プログラムで処理をしていると、複数の計算結果を処理の後半で利用するために保存しておきたくなることがあります。そういった用途に、「変数」という、一時的に値や計算結果を入れておく箱のようなものが用意されています。変数には名前を付けておき、何が格納されているのかをわかりやすくします。

　変数に値を入れることを「代入」と呼びます。さまざまな値を変数に代入し、プログラムに利用してみましょう。

2-2-1　変数に値を入れる

　Pythonの変数を利用するために特別な準備は必要ありません。「=」を使って変数に代入することで、新しい変数が作成されます。また、Pythonの変数はどのような型のデータでも代入できます。

```
>>> a = 1
>>> b = 2
```

```
>>> c = 3
>>> a
1
>>> b
2
>>> c
3
>>> s1 = "Hello, "
>>> s2 = "world!"
>>> s1
'Hello, '
>>> s2
'world!'
```

ここではa、b、c、s1、s2が変数です。「=」で値を代入した後に、その変数だけで計算を実行すると、その変数に代入されている値を確認できます。

2-2-2　複数の値の代入

Pythonでは、複数の変数への代入を一括して行えます。

```
>>> a = 1
>>> b = 2
>>> b, a = a, b
>>> a, b
(2, 1)
```

これは変数a、bの値を入れ替える代入です。もし複数値の代入を使わない場合は、入れ替えの処理に追加の変数が必要となります。

```
>>> a = 1
>>> b = 2
```

```
>>> c = a
>>> a = b
>>> b = c
>>> a, b
(2, 1)
```

　bの値をaに代入した時点で、aに格納している値はbの値と同じになってしまいます。aの値が何だったのかわからなくなってしまわないように、aの値をいったん一時的な変数cに退避しています。
　このように、Pythonが提供する前者の複数値の代入を利用すると、見た目にもわかりやすく記述できます。複数値の代入が言語仕様として許容されていない場合には後者の待避のパターンを利用するしかなく、やりたいことに対してプログラムがいたずらに複雑になってしまいます。

2-2-3　変数を使った式の評価

　値が代入されている変数を使っていくつか計算してみましょう。次のように、値を代入して変数を用意してください。

```
>>> s1 = "Hello, "
>>> s2 = "world!"
>>> a = 1
>>> b = 2
>>> c = 3
```

　これらの変数を使って足し算や掛け算、文字列の結合をしてみましょう。

```
>>> a + a + a
3
>>> a * b
2
>>> b * c
6
```

```
>>> s1 + s2
'Hello, world!'
>>> s1 + s1 + s2
'Hello, Hello, world!'
>>> s1 * 2 + s2
'Hello, Hello, world!'
```

　直接数値や文字列を使った場合と同様に、数値の四則演算や文字列の結合などが可能です。変数を使わずに直接数値や文字列を記述することをリテラルといったことを覚えていますか？　直接記述するリテラルに対応するのが、変数の利用です。

2-2-4　計算結果を変数に代入する

　直接値を代入するだけでなく、計算の結果を変数に代入してみましょう。

```
>>> i = a + a + a
>>> i
3
>>> greeting = s1 + s2
>>> greeting
'Hello, world!'
```

　また、すでに値が入っている変数にも、新たに値や計算結果を代入できます。

```
>>> a
1
>>> a = 2
>>> a
2
>>> a = a + 1
>>> a
3
```

特に、「a = a + 1」という表現に注意してください。「=」は数学の等号とは異なり、代入を意味するので、このような表現が可能になります。「a = a + 1」は現在のaの値に1を加えた値をaに代入するという意味です。aが2のときにこれを実行すると、現在の値2に1を加えた3がaに代入されます。

「a = a + 1」のように、ある変数の内容を計算結果で再代入する場合には、短縮した書き方があります。「a += 1」は、「a = a + 1」と同様にaの値に1を足してaに再代入します。

```
>>> a = 2
>>> a
2
>>> a += 1
>>> a
3
```

「+=」以外にも、「*=」「-=」「/=」などが用意されています。「a = a + 1」よりも「a += 1」を利用するほうが、「変数aの値を1増やす」という意図が明確になります。

≫ 2-3 真偽値と制御構文

プログラムは、ここまでのように一本道の処理が続くわけではありません。条件に一致する場合だけ処理を行ったり、決まった回数処理を繰り返したりすることで、プログラムは必要な処理を実行していきます。

プログラムの流れは、「逐次実行」「分岐」「反復」という要素で成り立っています。逐次実行とは、先ほどまでのように順番に計算などを行うことです。Pythonは条件に応じた処理を行う分岐のためにif文を、条件が成り立っている間繰り返される反復のためにwhile文を用意しています。これらの文は、プログラムの流れを制御するため、「制御構文」と呼ばれています。

また、分岐や反復の条件を表すために、「真偽値」を利用します。

2-3-1　真偽値

Pythonには、直接真偽値を表すデータとしてbool型が用意されています。真が

True、偽がFalseです。

その他の数値や文字列も真偽値を表すデータとして扱えます。数値は0がFalseと解釈され、それ以外はTrueと解釈されます。文字列は空文字「""」がFalseとなります。

どのような値が真偽値として解釈されるのかは、bool関数で確認できます。

```
>>> bool(0)
False
>>> bool(-1)
True
>>> bool("")
False
>>> bool("abc")
True
```

後で紹介するif文などの条件式部分などのように、真偽値が必要とされる場所ではbool関数を呼び出す必要はありません。

2-3-2　関係演算子

数値の大小や等値などの関係も真偽値で表せます。このような値同士の関係を表す演算子を「関係演算子」と呼びます。

```
>>> 2 < 3
True
>>> 2 == 3
False
>>> 2 <= 3
True
>>> 'ab' == 'a' + 'b'
True
```

数値の場合は大小関係は明白ですが、文字列にも大小関係は定義されています。

```
>>> 'a' < 'b'
True
>>> '0' < '10'
True
>>> '1' < '10'
True
>>> '2' < '10'
False
```

文字列の場合は、その内容が数字であっても数値に変換して比較するわけではありません。数値の場合は2よりも10のほうが大きな値ですが、文字列の場合は"2"は"10"の1文字目の"1"よりも大きな値となります。そのため、2文字目以降の文字がどうであれ"2"のほうが大きな値として解釈されます。

2-3-3　論理演算

真偽値同士の計算を「論理演算」と呼びます。Pythonには、2つの真偽値が両方とも真である場合（and）、どちらかが真である場合（or）、真偽の反転（not）の演算子が用意されています。

```
>>> True and True
True
>>> True and False
False
>>> True or False
True
>>> not False
True
```

また、論理演算子はbool型の値以外でも利用できます。or演算子は偽と判定されない最初の値が計算結果となります。

```
>>> '' or 'a'
```

```
'a'
>>> 0 or 100
100
>>> 100 or 0
100
```

これらの演算子は連続して利用できます。

```
>>> '' or 0 or 10 or 100
10
>>> a = 1
>>> b = 2
>>> c = 3
>>> a and b or c
2
```

また、andとorでは、andのほうが優先順位が上となります。

2-3-4　ある条件を満たす場合だけ実行する

「if」は分岐のために利用します。ifに続く式や文が真（True）となる場合に、ifのインデントされたブロックを実行します。

```
>>> a = -10
>>> if a < 0:
...     a = a * -1
...
>>> a
10
```

aが-10なので、0より小さいという条件（a < 0）は真（True）になります。結果、「a = a * -1」が実行され、aは10になります。

2-3-5　条件を満たさない場合の実行——else

ifに続いて「else」が来た場合には、if文の条件が真（True）にならなかった場合にelseのブロックが実行されます。

```
>>> a = 10
>>> if a < 0:
...     a = a * -1
... else:
...     a = a * 10
...
>>> a
100
```

aが10なので、0より小さい（a < 0）という条件は偽（False）になります。結果、「a = a * 10」が実行され、aは100になります。

2-3-6　複数の条件の連鎖——elif

ifに続いて「elif」が来た場合には、if文の条件が真（True）にならず、かつelifの条件が真になった場合に、elifのブロックが実行されます。

```
>>> a = -10
>>> b = 10
>>> if a > 0:
...     b = 1
... elif a == 0:
...     b = 0
... else:
...     b = -1
...
>>> b
-1
```

aが-10なので、ifの条件「a > 0」は偽、続くelifの「a == 0」も偽となり、elseのブロックが実行されます（bは-1になります）。

2-4 反復——while

「while」文は、ある条件が満たされている間、ブロック内の処理を繰り返します。

2-4-1 単純な反復処理

while文を使うには、whileの直後に実行条件の式を記述します。while文以下には、反復して実行したい処理をインデントしたブロックで記述します。

```
>>> i = 1
>>> while i < 10:
...     print(i)
...     i += 1
...
1
2
3
4
5
6
7
8
9
```

この例の反復条件は「変数iが10よりも小さい」ということになります。反復処理の中で「i = i + 1」という代入文があるので、反復処理を実行するたびにiの値は1ずつ増えていきます。最終的にiの値が10になると、「i < 10」の結果がFalseとなるため、反復処理が終了します。

2-4-2　反復途中で脱出する――break

while文はwhileの直後に記述した条件以外でも反復処理を終了させることができます。反復処理中に「break」文を実行すると、即座に反復処理を終了します。

```
>>> i = 1
>>> while True:
...     print(i)
...     i += 1
...     if i > 10:
...         break
...
1
2
3
4
5
6
7
8
9
10
```

この例では、反復処理の条件がTrueとなっているため、そのままでは無限にループ処理が行われます。しかし、反復処理の中で「i > 10」の場合にbreak文を実行するif文があります。このため、この処理はiの値が11となった場合に反復処理を終了します。

こちらの書き方では、反復処理を実行する条件ではなく、反復処理を終了する条件をif文で判定していることに注意してください。

2-5 アルゴリズム

「アルゴリズム」とは、プログラムの処理の手順のことです。

逐次実行（代入文や単純な式など）、分岐（if文）、反復（while文）の3種類の処理を組み合わせて、目的を達成するための手順を表現します。処理をすべて実行し終えると、何らかの結果を取得します。

また、アルゴリズムは終了条件がなければなりません。反復処理を複数組み合わせるときには、どのような条件でその反復処理が終了するのか、しっかり考えましょう。

2-5-1 ユークリッドの互除法

アルゴリズムの例として、ユークリッドの互除法をPythonで実行してみましょう。「ユークリッドの互除法」とは、2つの整数値から最小公約数（greatest common divisor）を求めるアルゴリズムです。

アルゴリズムの内容は以下のようになります。

❶ 入力をm、n(m≧n)とする
❷ n = 0なら、mを出力してアルゴリズムを終了する
❸ mをnで割った余りを新たにnとし、さらに元のnを新たにmとし、❷に戻る

このアルゴリズムをPythonで書いてみましょう（**リスト2.1**）。

リスト2.1 gcd.py

```python
m = 1071
n = 1029

if n < m:
    m, n = n, m

while n != 0:
    m, n = n, m % n

print(m)
```

2つの変数mとnに、入力となる2つの整数を代入しておきます。そしてmとnについて、大小関係に基づいて入れ替えを行います。ここでは後の章で紹介するタプルによる代入を使って入れ替えをしています。

次のステップでは、アルゴリズムの終了条件を確認しています。「n == 0」でこのアルゴリズムを終了するため、while文の条件は「n != 0」と逆にしています。

while文の中では、それぞれの変数の更新をしています。ここでもタプルによる代入を利用しています。タプルによる代入を使わない場合は、m、nを更新するときにそれぞれの元の値を利用するため、事前に別の変数に値を退避しておかなければなりません。

アルゴリズムの終了によってwhile文から抜け出した後は、mに結果が入るので、この結果をprintで表示して、プログラムを終了します。

Column プログラミングの上達方法

◆文法に慣れる

まずは、プログラミング言語の文法を手足のように扱えるようになるまで、慣れ親しみましょう。慣れ親しむためには、たくさん書くしかありません。小さなプログラムを書いて、読み直してみましょう。

Pythonの文法は覚えやすく、読みやすく書けるようになっています。別の書き方で読みやすくならないか考えてみましょう。また、githubやbitbucketには多くのプログラムが公開されています。Pythonのプロジェクトを見つけて、ソースを読んでみましょう。

◆考え方を知る

大きなプログラムや複雑なプログラムを書くために、これまでにさまざまな考え方が生み出されています。プログラムの処理の手順はアルゴリズムで表されます。データの整列や画像処理など、有名なアルゴリズムを探してPythonで書いてみましょう。また、データをどういったまとまりで処理するとよいのか、リストや木、グラフなどのデータ構造についても調べてみましょう。

大きくなったプログラムをまとめる方法についても知る必要があります。Pythonはオブジェクト指向言語であるため、オブジェクトという単位でまとめていくのがよいでしょう。デザインパターンなどで、オブジェクトによって問題を解決するための考え方がカタログになっています。有名なデザインパターンはGoF(Gang Of Four)の23パターンと呼ばれるものですが、それ以外にもデザインパターンは数多く存在します。これらのデザインパターン

を見ると、先人たちが問題を解決するために考えたことを効率的に学ぶことができるでしょう。

◆**既存のプログラムやアプリケーションを利用する**
　プログラミングするときに毎回ゼロからすべてを書くことはあまりありません。多くのライブラリやフレームワーク、ミドルウェアを利用します。ライブラリはプログラムを再利用できるようにしたものです。Pythonは標準ライブラリが充実していますが、標準ライブラリに含まれていない特定分野のライブラリなどが必要な場合は、外部のライブラリを探してみるとよいでしょう。PyPI（Python Package Index）には、Pythonで利用できるライブラリが数多く登録されています。このようなライブラリを利用すれば、何度も同じことを書かずに効率的にプログラムを書けるようになるでしょう。

確認テスト

Q1 最小公倍数を求める
最小公倍数（least common multiple）は、最大公約数を使って求めることができます。以下の手順で変数m、nの最小公倍数（lcm）を求められます。

❶ 元の変数m、nの値の積（m * n）を変数multiに代入する
❷ 最大公約数gcdを求める
❸ 変数multiの値を最大公約数gcdで割った値を変数lcdに代入する
❹ 処理結果としてlcdの値をprint関数で表示する

「m = 1071, n = 1028」として、最小公倍数を求めるプログラムをlcm.pyファイルに作成してみましょう。

3時間目 組み込みのデータ型

Pythonには、文字列や数値以外などのデータをまとめて処理するためのデータ型も用意されています。一番基本的なリスト型は、データに順序を付けてまとめます。リストが含まれる要素を後から追加したり削除したりできるのに対し、同様にデータを順序付けてまとめるタプル型では、要素を後から変更できないようになっています。セット型は順序なしでデータをまとめます。また、辞書はデータにキーを付けてまとめます。これらのデータ型を利用すると、多くのデータをまとめて処理できるようになります。

今回のゴール

- リストや辞書を使ってデータをまとめられるようになる
- リストの分割や結合などの加工ができるようになる
- for文を使ってデータを処理する

3-1 複数のデータを一気に扱うためのデータ型

まずは、それぞれのデータ型をPythonで作成する方法を覚えましょう。リスト型のデータは「[ ]」で囲まれた中に値を「,」で区切ります。また、len関数を使うと、リストの要素がいくつ入っているのか確認できます。len関数はリストに限らず、以降で紹介するタプルや辞書、集合などの要素も確認できます。

```
>>> l = [1, 2, 3, 1]
>>> len(l)
4
>>> l + l
```

```
[1, 2, 3, 1, 1, 2, 3, 1]
```

タプル型のデータは単純に「,」で区切るだけでも定義できますが、あいまいに見えないように通常は「( )」で囲んで明示的に記述します。

```
>>> t = (1, 2, 3, 1)
>>> t = 1, 2, 3, 1
>>> len(t)
4
>>> t + t
(1, 2, 3, 1, 1, 2, 3, 1)
```

また、1つだけの要素を持つタプルを作成するには、その要素の後に「,」を追加します。「( )」で囲む場合にも、要素の後に「,」を追加します。

```
>>> t = 1,
>>> t
(1,)
>>> t = (2,)
>>> t
(2,)
```

セット型は要素の重複を許さないデータ型です。セット型を作るには、「{ }」で囲まれた中に値を「,」で区切ります。

```
>>> s = {1, 2, 3, 1}
>>> s
{1, 2, 3}
>>> len(s)
3
```

辞書型も「{ }」を利用します。辞書型は、キーと値を「:」で組にしたものを「,」で区切ります。

```
>>> d = {'a': 1, 'b': 2, 'c': 3, 'd': 1}
>>> d
{'a': 1, 'c': 3, 'b': 2, 'd': 1}
>>> d['a'] = 4
>>> d
{'a': 4, 'c': 3, 'b': 2, 'd': 1}
```

　これらのデータ型には特有の演算子や要素へのアクセス方法があります。あるリストに要素が含まれているか確認したり、単純なインデックスではなく範囲を指定して複数の値を取り出したりする方法を見ていきましょう。

3-1-1　in演算子

　ある要素がコレクション内に存在しているか調べるには、in演算子を利用します。

```
>>> l = [1, 2, 3, 4]
>>> 2 in l
True
>>> 5 in l
False
```

　辞書にin演算子を利用した場合は、キーの存在を調べることになります。

```
>>> d = {'a': 1, 'b': 2}
>>> 'a' in d
True
>>> 1 in d
False
```

　「not in」を利用すると、存在しないことを確認できます。

```
>>> l = [1, 2, 3, 4]
>>> 2 not in l
```

```
False
>>> 5 not in l
True
```

3-1-2　スライス演算

リストなどから一部の内容を取り出すには、スライス演算を利用します。例えば5番目の要素から8番目の要素までを取り出したい場合は、「[4:8]」といったように範囲を指定して、特定の要素を切り出します。

```
>>> l = [1, 2, 3, 4, 5, 6, 7, 8, 9]
>>> l[4:8]
[5, 6, 7, 8]
```

5番目の要素は、0から数えると4がインデックスとなります。また、8番目の要素は9がインデックスとなります。スライスの範囲指定は、開始を含み、終了を含まないように指定されるため、5番目から8番目の指定は「[4:8]」となります（**図3.1**）。

図3.1 スライス

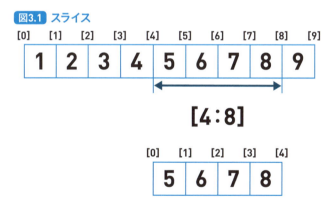

3-1-3　負の値でのアクセス

負の値を使うと末尾からの位置指定となります。リストなどの長さに関係なく、末尾の値を取得したい場合などに利用されます。

```
>>> l = [1, 2, 3]
>>> l[-1]
3
```

リストの末尾の値を取得するには-1を使います。これは「len(l) - 1」と同じ場所を指しています。

3-1-4　データ型の相互変換

それぞれのデータ型には、コンストラクタとなる関数が用意されています（**表3.1**）。例えばlist関数を使うと、タプルや辞書などをリストに変換できます。

表3.1 コンストラクタ関数

コンストラクタ	データの種類
list	リスト
tuple	タプル
dict	辞書
set	セット

コンストラクタを利用して、辞書からリストやタプルに変換してみましょう。

```
>>> d = {'a': 1, 'b': 2, 'c': 3}
>>> l = list(d)
>>> l
['b', 'c', 'a']
>>> t = tuple(l)
>>> t
('b', 'c', 'a')
>>> s = set(t)
>>> s
{'b', 'c', 'a'}
```

辞書からリストへの変換では、キーのみがリストに変換されます。

3-2 リスト

「リスト」は要素を順番に格納するデータ型です。データをまとめて処理するときに利用する一番基本的なデータ型で、Pythonプログラミングでも多く利用されています。

3-2-1 リストに値を追加する

リストの末尾に値を1つ追加するには、appendメソッドを利用します。

```
>>> l = [1, 2, 3]
>>> l
[1, 2, 3]
>>> l.append(4)
>>> l
[1, 2, 3, 4]
```

1つではなく、複数追加したい場合は、extendメソッドを使います。このメソッドは、渡されたリストの全要素をリストの末尾に追加します。

```
>>> l = [1, 2, 3]
>>> l
[1, 2, 3]
>>> l.extend([4, 5])
>>> l
[1, 2, 3, 4, 5]
```

append、extendのどちらもリストの末尾に要素を追加するメソッドですが、スライスへの代入を使うと、リストの任意の位置に値を追加できます（**図3.2**）。

```
>>> l
[0, 1, 2, 3, 4, 5, 6, 7, 8, 9]
>>> l = [1, 2, 3, 4, 5, 6, 7, 8, 9]
```

```
>>> l[4:8]
[5, 6, 7, 8]
>>> l[4:8] = [0]
>>> l
[1, 2, 3, 4, 0, 9]
>>> l[4:5] = [5, 6, 7, 8]
>>> l
[1, 2, 3, 4, 5, 6, 7, 8, 9]
```

図3.2 スライスへの代入

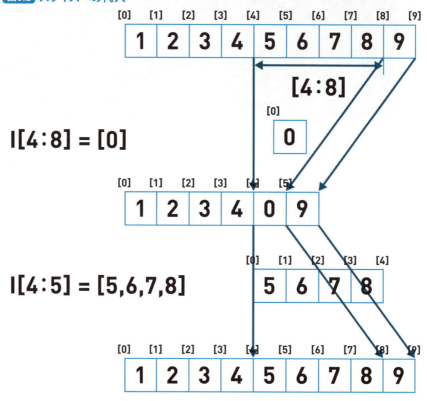

　スライスへ代入すると、指定範囲の内容が代入する内容に入れ替えられます。単純にリストの先頭に値を追加したい場合は「[0:0]」と指定します。

3-2-2　リスト同士を結合する

2つのリストを結合するには、「+」演算子を利用します。

```
>>> l1 = [1, 2, 3]
>>> l2 = [4, 5, 6]
>>> l1 + l2
[1, 2, 3, 4, 5, 6]
>>> l2 + l1
[4, 5, 6, 1, 2, 3]
>>> l1
[1, 2, 3]
>>> l2
[4, 5, 6]
```

数値を+演算子で足し算する場合と比べて、値の順番が意味を持つことに注意しましょう。+演算でのリストの結合は、値の順番を入れ替えると結果が変わります。また、appendやextendと違い、結合する元のリスト（l1、l2）は変更されていないことに注目してください。

3-3 タプル

3-3-1　リストとタプルの違い

リストとタプルはどちらも値を順序付けてまとめるものですが、この2つの大きな違いは、後から要素を変更したり削除したりといった破壊性のある操作が許されているかどうかです。リストは作成後にappendやremoveを利用して値を追加したり削除したりできるのに対し、タプルは作成後にはその要素を変更できません。

```
>>> l = [1, 2, 3]
>>> l
[1, 2, 3]
```

```
>>> l.append(4)
>>> l
[1, 2, 3, 4]
>>> l.remove(2)
[1, 3, 4]
```

ただし、タプル同士での足し算などは可能です。この場合、元のタプルの値は変わらず、新しいタプルが作成されることになります。

```
>>> t = 1, 2, 3
>>> t + (4,)
(1, 2, 3, 4)
>>> t
(1, 2, 3)
```

この処理を行ってもタプルtの内容は変わらないことに注意してください。

タプルは内容を変更できないため、最初は扱いにくいものに思えるかもしれません。しかし、複雑なプログラムを後から読み返す場合に、リストはいつ変更されるかわからないということを気にしなければなりません。タプルを使った場合は内容が変更されることを気にしなくてよくなります。今後大きく複雑なプログラムを作成する場合は、このような気にしなければならないことを減らす書き方が意味を持つようになります。

3-4 セット

3-4-1 セットの特徴

「セット」は、順序なし・重複なしという特徴があります。

```
>>> s = {1, 2, 3, 1}
>>> s
{1, 2, 3}
```

例ではセットを作成するときに1を2つ渡しましたが、できあがったセットには1が1つしか含まれていません。このように、セット内にはある値が必ず1つしか存在しないことが保証されます。

順序は保証されないため、リストのようにインデックスで値を取り出すことはできません。その代わり、in演算子でセットに値が含まれているのか確認する処理は、リストの場合よりも高速に実行されます。

3-4-2　セットに値を追加する

セットに値を追加するには、addメソッドを利用します。

```
>>> s = {1, 2, 3}
>>> s.add(4)
>>> s
{1, 2, 3, 4}
>>> s.add(2)
>>> s
{1, 2, 3, 4}
```

もちろん、すでにセットに含まれている値をaddで追加してもセットの内容は変わりません。

3-4-3　frozenset

タプルのように、セットの内容を変更されないようにするには、frozensetを利用します。frozensetのリテラルは用意されていないため、frozensetコンストラクタを使って作成します。

```
>>> frozenset({1,2,3})
frozenset({1, 2, 3})
```

frozensetにはaddメソッドやremoveメソッドがなく、内容を変更できません。

```
>>> f = frozenset({1, 2, 3})
```

```
>>> f
frozenset([1, 2, 3])
>>> f.add(4)
Traceback (most recent call last):
  File "<stdin>", line 1, in <module>
AttributeError: 'frozenset' object has no attribute 'add'
```

このように、frozensetでaddメソッドを呼ぼうとしてもエラーとなります。

3-4-4　集合演算

セットは集合とも呼ばれ、さまざまな集合演算が利用可能です。

```
>>> s1 = {1, 2, 3}
>>> s2 = {4, 5, 6}
>>> s1 | s2
{1, 2, 3, 4, 5, 6}
>>> s1.union(s2)
{1, 2, 3, 4, 5, 6}
>>> s1 & s2
set()
>>> s1 & {1}
{1}
>>> s1.intersection({1})
{1}
>>> s1 - {1, 2, 3, 4}
set()
>>> s1.difference({1, 2, 3, 4})
set()
```

「&」は和集合を生成します。unionメソッドでも同様の演算結果になります。
その他、共通部分を取り出すintersectionメソッドや、差集合を作るdifferenceメソッド（「-」で同様の演算結果）などがセットに用意されています。

3-5 辞書

3-5-1　辞書の特徴

「辞書」は、値をキーと対応付けて格納するデータ型です。1つのキーに対する値は1つだけしか設定できません。また、後から辞書に値を追加できます。ただし、既に存在するキーに値を追加した場合は、以前の値は失われます。

3-5-2　辞書内に存在しないキーの扱い

辞書に存在しないキーを指定すると、エラーになります。存在しないかもしれないキーで値を取得する場合は、getメソッドやsetdefaultメソッドを利用します。

```
>>> d = {}
>>> d['a']
Traceback (most recent call last):
  File "<stdin>", line 1, in <module>
KeyError: 'a'
>>> d.get('a')
>>> d.get('a', 3)
3
>>> d.setdefault('a', 1)
1
>>> d
{'a': 1}
>>> d = {'a': 2}
>>> d
{'a': 2}
>>> d.setdefault('a', 1)
2
>>> d
{'a': 2}
```

getメソッドは、第一引数のキーが存在していなかった場合、第二引数の値を返します。setdefaultメソッドも、同様の値を返します。

また、getメソッドはキーが存在しようが存在しまいが、元の辞書の内容を変更しません。これに対してsetdefaultは、キーが存在しなかった場合はそのキーと値を辞書に登録します。

3-5-3　values、items、keys

辞書には、キーのリストや値のリストなどを取り出すメソッドが用意されています。

```
>>> d = {'a': 1, 'b': 2, 'c': 3}
>>> d.items()
dict_items([('b', 2), ('c', 3), ('a', 1)])
>>> list(d.items())
[('b', 2), ('c', 3), ('a', 1)]
>>> d.values()
dict_values([2, 3, 1])
>>> list(d.values())
[2, 3, 1]
>>> d.keys()
dict_keys(['b', 'c', 'a'])
>>> list(d.keys())
['b', 'c', 'a']
```

keysメソッドが辞書のキーの一覧を、valuesメソッドが値の一覧を返します。これらの戻り値は特殊なコレクションとなっています。それぞれの値を直接取得するには、listコンストラクタでリストに変換します。

itemsメソッドを使うと、キーと値の組をタプルでまとめた一覧を取得できます。この一覧も、内部の値を取得するにはリストへの変換が必要です。

3-6 反復for

Pythonでは反復処理を行うためにwhile文が用意されていますが、リストやタプルなどを便利に扱えるfor文も用意されています。for文はwhile文と異なり、反復条件を指定するのではなく、指定したリストなどに含まれる要素を1つずつ処理します。

3-6-1　for文でリストの要素を処理する

for文を利用して、リストの要素を1つずつ表示するようにしてみましょう。

```
>>> for i in [1, 2, 3]:
...     print(i)
...
1
2
3
```

forの直後には、リストの要素を受け取るための変数名を記述します。この例ではiが要素を受け取るための変数となります。for文の処理ブロック内で、この変数を利用可能です。

3-6-2　タプルのリストをfor文で処理する

リストの要素が単純な数値ではない場合でも、for文を利用できます。特にリストの要素がタプルになっている場合は、タプルの要素をそれぞれ別の変数で受け取ることができます。

```
>>> for v1, v2 in [("a", 1), ("b", 2), ("c", 3)]:
...     print((v1, v2))
...
('a', 1)
('b', 2)
('c', 3)
```

ループ対象のリストの中身が要素を2つ持つタプルとなっているので、for文の変数にv1とv2という2つの変数名を指定しています。ループ中はこの2つの変数にタプルの要素の値がそれぞれ代入されます。

3-6-3　イテレータ

for文で扱えるデータ型は「イテレータ」と呼ばれます。リストやタプルなどからイテレータを取得するには、iter関数を利用します。イテレータはnext関数で順に値を返します。

```
>>> i = iter([1, 2, 3])
>>> next(i)
1
>>> next(i)
2
>>> next(i)
3
>>> next(i)
Traceback (most recent call last):
  File "<stdin>", line 1, in <module>
StopIteration
```

最後まで実行されるとStopIteration例外が発生します。for文は、inで与えられた値からイテレータを取得して、StopIterationが発生するまでnextで受け取る値を処理する構文というわけです。

3-6-4　数値列を生成する

range関数は与えられた数に基づいて連続した数値を発生させます。例えば「range(10)」とすると、0〜9までの10個の数値を発生させます。for文でrange関数を使うと、数値を数え上げる処理を簡単に作成できます。

また、range関数の引数を2つにすると、発生する数値の初期値を変更できます。「range(3, 13)」とすれば、3〜12までの数値を発生させます。

```
>>> for i in range(10):
...     print(i)
...
0
1
2
3
4
5
6
7
8
9
>>> for i in range(3, 13):
...     print(i)
...
3
4
5
6
7
8
9
10
11
12
```

while文で同様のことを実行しようとすると、以下のようになります。

```
>>> i = 0
>>> while i < 10:
```

```
...     print(i)
...     i += 1
```

「変数iがループの間に0から10までの間、1ずつ増加する」ということは、コードの3箇所を見なければ把握できません。これに対してrangeであれば、これらのことをrange関数の引数を見るだけで理解できます。

3-6-5　for文でループ回数を使う

　リストを1つずつ処理する場合でも、処理している要素がリストの何番目なのか知りたいことがよくあります。enumerate関数は、受け取ったリストの要素とともに、何番目の要素かを表す数値を生成してくれます。
　for文でenumerate関数を利用する場合は、引数に対象のリストなどを渡します。リストの要素と順番という2種類の値を返してくるので、for文の値を受け取る変数は「i, v」のように2つの変数で受け取るようにします。

```
>>> for i, v in enumerate(["a", "b", "c"]):
...     print((i, v))
...
(0, 'a')
(1, 'b')
(2, 'c')
```

　forループ内の処理の間、変数iには要素の順番が入ってきます。変数vにはリストの要素が入ってきます。

確認テスト

空のリスト（l）からのタプル（t）を用意して、以下の処理をしてみましょう。初期化は以下のようにしてください。

```
>>> l = ["a", "b", "c"]
>>> t = ("a", "b", "c")
```

Q1 リストとタプルの操作

元のl、tの値は変わらないように、新たな要素「"a"」を追加したリスト（l2）とタプル（t2）を作成してください。以下の状態になるようにしましょう。

```
>>> l
["a", "b", "c"]
>>> t
["a", "b", "c"]
>>> l2
["a", "b", "c", "a"]
>>> t2
["a", "b", "c", "a"]
```

さらに、元のlの値が変わるように新たな要素「"c"」を追加してください。また、タプルtの値を同様に変更するにはどうすればよいか考えてみましょう。

Q2 リストの要素を種類ごとに数える

種類をキーとして種類の数を値とする辞書を以下の手順で作成してみましょう。

❶ 結果を集めるための辞書（results）を空の辞書「{ }」で初期化する
❷ リスト（l）についてfor文を使い、要素（i）ごとに以下の処理を行う
❸ resultsのキーにiが含まれているか確認する
❹ ❸の結果iがキーとして含まれていなければ、キーをiとしてresultsに1を追加する
❺ ❸の結果含まれていれば、resultsのiキーの値に1を加えた値を新たにiキーの値とする

4時間目 関数

Pythonでは、処理を分離するために関数を使えます。また、関数をまとめて整理するために、モジュールやパッケージの仕組みが用意されています。これらを利用すれば、大きな機能を小さな機能の組み合わせで実現できるようになります。

今回のゴール

- 関数を定義できるようになる
- 関数の引数、戻り値の扱いを覚える
- 定義した関数をモジュールに分けて利用できるようになる

4-1 Pythonの関数

4-1-1 関数を定義する

2時間目で紹介した最大公約数を求める処理を関数にしてみましょう（**リスト4.1**）。

リスト4.1 gcd.py

```python
def gcd(m, n):

    if n < m:
        m, n = n, m

    while n != 0:
```

```
        m, n = n, m % n

    return m
```

どうでしょうか？ 先ほどまではm、nの変数に入力となる2つの数値を代入していました。そして、計算結果がreturnによって返されています。関数にしたことで、この2つの変数が入力となることがわかりやすくなりました。また、処理にはgcd（Greatest Common Divisor）という名前を付けました。

4-2 関数の構造

4-2-1　引数と戻り値

関数は、ある値を受け取って結果となる値を返すようになっています。受け取る値を「引数」、返す値を「戻り値」と呼びます。引数は、関数定義の際、関数名の後に記述します。戻り値は関数の実行部内でreturn文で記述します。

簡単な関数の定義をしてみましょう。

```
>>> def add(a, b):
...     c = a + b
...     return c
```

add関数は2つの値を受け取って、その2つの値の和を返す関数です。値は、関数定義部分の「(a, b)」とした2つの引数で受け取ります。関数の実行部分では、2つの値の和となる値を変数cに格納し、return文の戻り値としてその値を返しています。このadd関数は以下のように使われます。

```
>>> add(1, 2)
3
```

関数名の後ろに引数として渡す値を並べます。この場合は、aに1、bに2が渡されます。add関数が内部で計算した結果、「1 + 2 = 3」が関数の戻り値となります。結果として、「add(1, 2)」の関数を評価すると、「3」という値を得られます。

4-2-2　キーワード引数

　関数を呼び出すときに渡す値は、引数として関数の中で利用されます。そして、複数の引数に対して渡された値は、引数の定義した順番で割り当てられます。add関数の例では、引数がa、bの順で定義されていたため、「add(1, 2)」と呼び出した場合にはaに1、bに2が割り当てられました。

　引数の数が少ない間はよいのですが、引数の数が多くなった場合には指定する順番を間違える危険が多くなります。また、多くの引数を受け取る関数は、後から読む場合に可読性が低くなります。

　Pythonは、関数呼び出しの際に引数名を明示的に指定する方法を提供しています。引数名を指定して呼び出す方法を「キーワード引数」と呼びます。また、キーワード引数でない通常の引数を、「位置引数」と呼びます。

　add関数をキーワード引数で呼び出してみましょう。

```
>>> add(a=1, b=2)
3
>>> add(b=1, a=2)
3
>>> add(1, a=2)       ← aを2回指定したことになりエラー
>>> add(b=1, 2)       ← 文法エラー
```

　位置引数は、キーワード引数の後で利用することはできません。そのため、「add(b=1, 2)」といった呼び出しは文法エラーになります。

　先に位置引数がある場合は、その数分の引数を消費します。「add(1, a=2)」と呼び出した場合、1つ目の1が引数aに渡されるので、その後にキーワード引数でaを使用しようとすると、aに値を2回渡すこととなり、エラーとなります。

4-2-3　可変長引数

　これまでのadd関数では2つの数値の和を返していました。これを3つ以上の引数を受け取れるようにしてみましょう。

　呼び出しごとに引数の数を変えられるようにしたものを「可変長引数」と呼びます。Pythonで可変長引数を利用するには、引数名の前に「*」を追加します。「*」が追加された引数には、呼び出し時に与えられた引数のリストが渡されます。

```
>>> def add_many(*values):
...     result = 0
...     for v in values:
...         result += v
...     return result
```

ここではvalues引数に「*」を追加しています。このadd_many関数を呼び出すには、以下のようにします。

```
>>> add_many(1, 2)
3
>>> add_many()
0
>>> add_many(1, 2, 3, 4, 5, 6, 7, 8, 9)
45
```

add_manyは引数をいくつでも受け付けます。0個の場合、valuesは空のリストになることに注意しましょう。

また、引数をリストから展開して渡す場合にも「*」を使用します。

```
>>> values = [1, 2]
>>> add_many(*values)
3
```

valuesに入っている要素を引数として渡すために「*values」としています。この場合、「add_many(1, 2)」を呼び出しているのと同じことになります。

4-2-4　キーワードの可変長引数

Pythonの関数は、キーワード引数も可変で受け取ることができます。

```
>>> def add_keywords(**kwargs):
...     result = {}
```

```
...     for k, v in kwargs.items():
...         result[k] = add_many(*v)
...     return result
```

キーワード引数を可変で受け取る場合は「**」を使います。呼び出したときのキーワード引数が関数の定義で存在していなかったものは、辞書としてkwargsに集められます。

```
>>> add_keywords(a=[1, 2], b=[], c=[1, 2, 3, 4, 5, 6, 7, 8, 9])
{'a': 3, 'b': 0, 'c': 45}
```

add_keywordでは、キーワード引数で渡されたリストごとにadd_manyを実行して結果をキーワードに入れて返すようにしています。このキーワードは可変なので、a、b、c以外の引数名をいくらでも追加できます。

また、辞書をキーワード引数に展開する場合でも「**」を利用できます。

```
>>> values = {
...     'a': [1, 2],
...     'b': [],
...     'c': [1, 2, 3, 4, 5, 6, 7, 8, 9]
... }
...
>>> add_keywords(**values)
```

valuesが展開されてキーワード引数となるため、「add_keywords(a=[1, 2], b=[], c=[1, 2, 3, 4, 5, 6, 7, 8, 9])」が呼び出されます。

4-2-5　引数のデフォルト値

引数には「デフォルト値」を設定できます。デフォルト値が設定された引数は、呼び出し時に省略されると、デフォルト値が渡されたものとして処理されます。

```
>>> def greeting(name="world"):
...     print("Hello, {0}!".format(name))
```

引数名の後ろに「=」でデフォルト値を設定します。

```
>>> greeting()
Hello, world!
>>> greeting('Python')
Hello, Python!
```

最初の呼び出しでは引数を渡していないため、デフォルト値の「"world"」が利用されます。2つ目の呼び出しでは、「'Python'」という値を渡しています。この場合は、nameは渡された値の「'Python'」を利用します。

4-2-6　キーワードオンリー引数

必ずキーワード引数で利用してもらいたい引数がある場合は、「*」を単独で引数リストに追加します。「*」以降に現れる引数はすべて、キーワード指定での呼び出しが必須となります。

```
>>> def greeting_with_friend(name, *, friend):
...     print("Hello, {0} and {1}!".format(name, friend))
```

この場合、「*」の後にある「friend」は、呼び出し時に必ずキーワード指定しなければなりません。「*」は単に区切りとして使われるだけで、実際の引数の割り当てはありません。

```
>>> greeting_with_friend('world', 'Python')    ←エラー
Traceback (most recent call last):
...
TypeError: greeting_with_friend() takes 1 positional argument but 2 were given
>>> greeting_with_friend('world', friend='Python')
Hello, world and Python!
>>> greeting_with_friend(name='world', friend='Python')
Hello, world and Python!
```

friendをキーワード指定せずに呼び出した場合は、エラーが発生します。第二引数のfriendをキーワード指定すれば、第一引数のnameは位置指定でもかまいません。「*」よりも前にあるnameをキーワード指定するかどうかは任意です。そのため、name、friendの両方をキーワード指定で呼び出しても同じ結果になります。

4-3 関数の応用

4-3-1 変数のスコープ

関数の中と外で同じ名前の変数があった場合、どのように扱われるのでしょうか？関数の中でaという変数の値が変更されたときに、関数の外側の変数aの内容も変化してしまうと、プログラムの動作を理解しにくくなってしまいます。

Pythonは、関数の内外での変数は基本的に、名前が同じでも別のものとして処理します。変数の有効範囲を「スコープ」と呼びます。

```
>>> x = 10
>>> def add(a, b):
...     x = a + b
...     return x
... 
>>> print(add(30, 4))
34
>>> print(x)
10
```

aとbを足した結果をいったん変数xに代入しています。このとき、関数の外側にある同名の変数xは影響を受けません。「add(30, 4)」の実行中に、add関数内のxは、34という値になります。しかし、このxは外側のxとは別のものです。addを呼び出し終わった後も外側のxには変わらず10が代入されています。

このように、関数内で利用する変数は、呼び出し元の状況に影響を受けないようになっています。

4-3-2　関数を変数に代入する

Pythonでは関数もオブジェクトです。そのため、関数を変数に入れて扱えます。

```
>>> f = add
>>> f(30, 4)
34
```

ここではadd関数を変数fに代入しています。このとき、fを使って関数を呼び出せます。

4-3-3　関数を受け取る関数

前項のように関数を変数に入れることができましたが、さらに関数を別の関数の引数に渡すこともできます。

```
>>> f = add
>>> def double_apply(f, v1, v2):
...     return f(v1, v2) + f(v1, v2)
...
>>> double_apply(f, 1, 2)
6
```

add関数を変数fに入れてから、double_apply関数の第一引数に渡しています。double_apply関数の中では、一緒に受け取った引数を使って、受け取った関数を実行しています。

4-3-4　関数を返す関数

関数を返す関数も作成できます。関数の中で定義した関数は、変数の範囲が通常の関数定義と異なります。

```
>>> def add_n(n):
...     def func(m):
```

```
...        return n + m
...    return func
...
>>> add_4 = add_n(4)
>>> add_4(10)
14
```

funcの中ではn変数を定義していません。このような場合には、add_nで定義されている変数nを利用します。変数nの内容はadd_nが呼ばれるたびに別の値となります。つまり、funcはadd_nが呼ばれるたびに、渡された値をもとにした処理として作成されています。

このような変数の使い方を「束縛（bind）」と呼びます。funcには呼び出したときのnの値が束縛されているのです。

また、外側のスコープの変数が束縛された関数を「クロージャ」と呼びます。

4-3-5　無名関数

「func」という名前は定義したときにのみ必要で、実際に「func」という名前で呼び出すことはありません。定義された内容のみが必要な場合は、lambda式によって、名前を必要とせずに関数を定義できます。

```
>>> def add_n(n):
...    return lambda m: n + m
...
>>> add_4 = add_n(4)
>>> add_4(10)
14
```

lambdaで定義する関数の中では、式を1つだけしか使えません。つまり、for文やif文を使うことはできないのです。また、代入も文であるため、lambda内では使用不可能です。コードの可読性を考えると、できる限り関数定義には名前を付けたほうがよいでしょう。

4-3-6　関数のドキュメント

　関数にはその関数がどのような処理を行うのか説明するドキュメントを設定できます。関数宣言の直後に文字列リテラルを書いておくと、その内容が関数のドキュメントとして後から参照できるようになります。

```
>>> def greeting():
...     """ これは Hello, world! を表示するだけの簡単な関数です """
...     print("Hello, world!")
```

　ドキュメントは複数行にわたることもあるため、多くの場合「"""」を使って記述されます。
　このドキュメントを確認してみましょう。

```
>>> greeting.__doc__
' これは Hello, world! を表示するだけの簡単な関数です '
```

　関数の「__doc__」属性からその関数のドキュメントを取得できます。また、インタプリタでhelp関数を使うと、その関数の引数などとともにドキュメントも表示されます。

```
>>> help(greeting)
Help on function greeting in module __main__:

greeting()
    これは Hello, world! を表示するだけの簡単な関数です
```

　pydocモジュールを利用すると、これらのドキュメントを含んだリファレンスを確認できます。まずは、greeting関数をhello.pyファイルに保存します。通常のターミナルでそのディレクトリ以下に移動し、「python -m pydoc hello」と実行してみましょう。

```
$ python -m pydoc hello
NAME
```

```
    hello

FUNCTIONS
    greeting()
        これは Hello, world! を表示するだけの簡単な関数です

FILE
    /home/guest/python15th/chapter04/hello.py
```

このように、関数にドキュメントを追加しておくと、ソースコード以外でもさまざまな方法でドキュメントを確認できます。後から何をする関数かわからなくならないよう、ドキュメントは十分に書いておきましょう。

4-4 モジュールとパッケージ

Pythonプログラムを書いたファイルは「モジュール」として再利用できます。また、「パッケージ」を使って複数のモジュールをまとめることができます。

4-4-1 Pythonのモジュール

Pythonモジュールを作成するにあたっては、あまり特別なことは必要ありません。Pythonプログラムを書いたファイルをインポート可能なディレクトリに配置すれば、Pythonモジュールとして利用できるようになります。このとき、ファイル名がそのままモジュール名となります。

インポート可能なディレクトリは、環境変数PYTHONPATHなどで設定します。Pythonプログラム上では「sys.path」でアクセスできます。また、プログラム実行中にsys.pathにディレクトリを追加すると、以降のプログラム実行中に、そのディレクトリからモジュールをインポートできるようになります。

4-4-2 簡単なモジュール

モジュールの作成には特別なことは必要ありません。Pythonプログラムを書いたソースファイルがあれば、それをモジュールとして利用可能です。以前に作成したadd_ manyをモジュールとして使えるようにしてみましょう（**リスト4.2**）。

リスト4.2 mymodule.py

```python
def add_many(*values):
    result = 0
    for v in values:
        result += v
    return result
```

mymodule.pyという名前でadd_many関数の定義を保存します。このモジュールをインタプリタで使用してみます。モジュールを利用するには、そのモジュールがインポート可能なディレクトリに配置されていなければなりません。ここでは、mymodule.pyが保存されているディレクトリでインタプリタを起動してみましょう。

```
>>> import mymodule
>>> mymodule.add_many(1, 2)
3
```

import文でモジュール名を指定します。モジュール名は、ファイル名から「.py」拡張子を取り除いた名前になります。「import mymodule」とすると、mymoduleオブジェクトが利用可能になります。

このモジュール内に定義されているadd_many関数を利用するには、「mymodule.add_many」というように「.」を使います。

4-4-3　二種類のimport文

Pythonのimport文は、先ほどのようにモジュールをインポートして、モジュールオブジェクトを利用可能にする方法と、モジュール内に定義されている関数などを現在のスコープに入れる方法があります。

```
>>> from mymodule import add_many
>>> add_many(1, 2)
3
```

「from import」では、あるモジュール内の関数などを直接利用できるようになります。これは以下のコードとほぼ同様のことを行っています。

```
>>> import mymodule
>>> add_many = mymodule.add_many
>>> add_many(1, 2)
3
```

あるモジュールの中で特定の関数だけを使いたい場合などは、「from import」を利用すると意図を明確にできます。

4-4-4　Pythonのパッケージ

モジュールはさらにパッケージにまとめることができます。モジュールとなるPythonファイルを配置したディレクトリに「__init__.py」ファイルが置かれていると、そのディレクトリはパッケージとなります。ディレクトリ名がパッケージ名となります。

また、パッケージ以下のモジュールは、「パッケージ名.モジュール名」という名前でインポートできるようになります。

パッケージ以下の__init__.pyには何も書く必要はありませんが、このファイルはパッケージ名と同じ名前のモジュールとして利用できます。

4-4-5　パッケージの作成

パッケージを作成してみましょう。先ほど作成したmymoduleを「mypackage」というパッケージに含めるには、以下のように構成します。

```
mypackage
    ├── __init__.py
    └── mymodule.py
```

mypackageという名前でディレクトリを作成します。__init__.pyの中身は空でかまいません。そして、mymodule.pyをmypackageディレクトリ以下にコピーします。

4-4-6 パッケージのimport

パッケージ内のモジュールを利用する場合も、通常のモジュールを利用する場合とあまり変わりはありません。import文では、「パッケージ名.モジュール名」の形で指定します。

```
>>> import mypackage.mymodule
>>> mypackage.mymodule.add_many(1, 2)
3
```

また、パッケージ内のモジュールをインポートする意味で、「from import」の形式でもインポートできます。

```
>>> from mypackage import mymodule
>>> mymodule.add_many(1, 2)
3
```

fromにモジュールまで指定した場合は、モジュール内の関数などをインポートできるのも同様です。

```
>>> from mypackage.mymodule import add_many
>>> add_many(1, 2)
3
```

パッケージ以下のモジュールを使う場合は、import文を使うよりも「from import」で必要なモジュール以下の名前で利用することが多いでしょう。

4-4-7 モジュール内の特殊な変数

モジュールでは、そのモジュールのファイル名や名前などを表す特殊な変数が定義されています。例えば、__file__はモジュールのファイル名を、__name__はモジュール名を表す変数です。

```
>>> import gcd
>>> gcd.__file__
'/home/python15h/chapter04/gcd.py'
>>> gcd.__name__
'gcd'
```

モジュールとしてimportされた場合は__name__にモジュールの名前が入っていますが、pythonインタプリタで実行した場合、__name__は'__main__'という文字列になります。これを利用して、モジュールとしてimportされた場合は関数の定義だけを行い、インタプリタから実行された場合だけ実際に処理を行うといった書き方ができます。

リスト4.3 greeting.py

```
def hello():
    print("Hello")


if __name__ == '__main__':
    hello()
```

リスト4.3では、関数helloを定義しています。その後に、__name__が'__main__'の場合のみhello関数を実行するようにしています。

このように書いておくと、他のモジュールなどからimport greetingとした場合は__name__が'greeting'となります。そのため、if文内のhello関数は実行されず、単にhello関数を利用できるようになるだけとなります。しかし、「python greeting.py」としてインタプリタから実行すると、__name__が'__main__'となるため、hello関数が実行されます。

このように、__name__を利用したモジュールの書き方は、簡単なサンプルを実行させたり、スクリプトとしても利用できますが、その他の関数も他のモジュールから利用できるようにしたりと多く目にします。標準ライブラリでも利用されているので、覚えておきましょう。

4-5 機能の分割

　Pythonでアプリケーションを作成する場合、それぞれの機能をパッケージやモジュールで分割して、関数やクラスで実装していくのが普通です。大きな問題を解決する機能を一度に作るのではなく、小さな部品に分割していく考え方を「分割統治」と呼びます。

4-5-1　モジュールやパッケージの分割統治

　小さく分割した部品を機能を関数やクラスで実装していくと、数多くの部品が揃います。これらの部品をそのまま管理するのは大変なことです。部品を管理するときも、一度に全部管理するのではなく、特定の問題を解決するための部品をモジュールでまとめていきます。

　大きな機能は分割を何度も行わなければならなくなります。その場合、分割した部品をまとめるモジュール自体の数も増えてしまいます。やはり多くのモジュールをそのまま管理するのが難しくなっていくため、モジュールをまとめるためにパッケージを利用します。

　このように、パッケージやモジュールを使って、細かく分離された関数やクラスを階層的にまとめていくと、どの関数やモジュールがどのような機能を実現しているのかわかりやすくなります。細かく分離された関数は、元の機能以外でも利用できることでしょう。

4-5-2　関数の階層化

　モジュールやパッケージで整理された関数はそれぞれが小さな問題を扱ってくれます。これらの関数を組み合わせて、より大きな問題を解決するための関数を実装できます。小さな関数のまま一度に大きな関数を作るのではなく、分割した問題ごとに解決するための関数を実装していきましょう。これらの関数は、問題や機能に沿って分割したパッケージの階層に合わせていくとよいでしょう。

　大きな機能Aを作るために、B、Cと問題を分割していきます（**図4.1**）。Cという小さな問題を解決するための関数はa.b.cモジュールに置きます。Cを解決する関数を利用してBを解決する関数はa.b パッケージ以下に実装します。同様に、Bを解決するための関数を利用してAを解決するために、aパッケージ以下に関数を実装します。

4時間目 関数

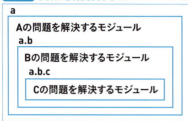

図4.1 関数を階層化したモジュールに配置する

　このように、問題の大きさによって階層化したモジュールに関数を配置すると、最終的な大きな問題を解決するための機能を利用する場合は一番上の階層のモジュールだけを気にすればよいことになります。

　例えば機能Aを利用する場合は、BやCを解決するためのモジュールa.bやa.b.cについて考える必要はなく、単純にaモジュールにある機能Aを利用すればよいのです。

確認テスト

Q1 あるリスト（l1）から、内容を小さい順（昇順）に並べ直した新しいリスト（l2）を生成する関数を作成してみましょう。
並べ替えを行うアルゴリズム（ソートアルゴリズム）は数多く存在しますが、一番簡単なアルゴリズムは以下のようになります。

❶ もとのリスト（l1）の中で最小の値を探す
❷ l1から❶で発見した最小の値を削除する
❸ l2に❶で発見した最小の値を追加する
❹ l1が空になるまで、❷❸を繰り返す

まずは、リストから最小値を探すという問題を解決できる関数を作成しましょう。その後、その関数を利用して並べ替えを行う関数を作成しましょう。

Q2 リストの要素の最小値を探し出す関数を作成する

リストから最小値を探し出す関数（**mymin**）を作成しましょう。最小値を探し出すには以下のような手順で処理を行います。

❶ リストの先頭の値を仮の最小値として変数mに代入する
❷ リストの次の要素と変数mの値を比較して小さいほうを新たにmに代入する
❸ リストの末尾まで❶❷を繰り返す

mymin関数が以下のように実行できることを確認しましょう。

```
>>> l1 = [8, 4, 3, 5, 6, 9, 1, 7, 0, 2]
>>> mymin(l1)
0
```

また、l1が空のリストだった場合はどうすべきか考えてみましょう。

Q3 並べ替えの関数を作成する

リストから最小値を探し出す関数を利用して並べ替えを行う関数（**mysorted**）を作成しましょう。
mysorted関数が以下のように実行できることを確認しましょう。

```
>>> l1 = [8, 4, 3, 5, 6, 9, 1, 7, 0, 2]
>>> mysorted(l1)
[0, 1, 2, 3, 4, 5, 6, 7, 8, 9]
>>> data
[8, 4, 3, 5, 6, 9, 1, 7, 0, 2]
```

元のリスト（l1）の内容は変わらないことも確認してみましょう。また、この関数はタプルを渡しても実行可能でしょうか？ タプルを渡した場合は戻り値がタプルになるようにするにはどうすればよいのか、考えてみましょう。

5時間目 クラスとインスタンス

Pythonはオブジェクト指向プログラミングをクラスを使ってサポートしています。クラスはオブジェクトを作成する雛形となり、初期化やその他の振る舞いをメソッドとして定義します。クラスを定義してオブジェクトを作成してみましょう。

今回のゴール

- クラスを使って新しい型を定義できるようになる
- クラスの振る舞いをメソッドで定義できるようになる
- 継承を使ってクラスを拡張できるようになる

5-1 Pythonのクラス

5-1-1 クラスを定義する

Pythonは、class文で新たなクラスを定義できます。**リスト5.1**は銀行口座を模した簡単なクラスの定義例です。

リスト5.1 bankaccount.py

```python
class BankAccount(object):
    def __init__(self):
        self.balance = 0


    def deposit(self, amount):
```

```
        self.balance += amount

    def withdraw(self, amount):
        self.balance -= amount
```

　balanceを変化させるメソッドとしてdepositとwithdrawを定義しています。BankAccount　オブジェクトを利用するコードが直接balanceを変化させるのではなく、これらのメソッドを利用してbalanceの増減を行います。
　このBankAccountクラスのオブジェクトを作成するには、クラス自体を関数のようにして呼び出します。この場合は「BankAccount()」とすると、BankAccountクラスのオブジェクトが返されます。
　また、クラスはオブジェクトを作成する場合に「__init__」メソッドを自動的に呼び出します。初期化処理が必要な場合は、このメソッド内で行うようにしましょう。**リスト5.1**ではbalance属性を0に初期化する処理を行っています。

```
>>> account = BankAccount()
>>> account.balance
0
```

　作成したBankAccountのオブジェクトをaccount変数に代入しました。このaccountのbalance属性を確認してみると、0に初期化されています。
　クラスも関数と同様に、定義したモジュールをimportして利用します。bankaccountのBankAccountクラスを利用するには、「from bankaccount import BankAccount」とします。
　この章では以降、実行例でのimport文を省略します。

5-1-2　メソッドを呼び出す

　BankAccountクラスでは、depositとwithdrawという2つのメソッドを定義していました。account　オブジェクトからこれらのメソッドを呼び出して、balanceを変化させてみましょう。

```
>>> account.deposit(100)
>>> account.balance
100
```

```
>>> account.withdraw(10)
90
```

メソッド呼び出しによってbalance属性が変化することがわかります。

5-1-3　オブジェクトの属性とメソッド

BankAccountクラスのメソッドについてよく見てみましょう。

```
def __init__(self):
    self.balance = 0
```

メソッドの定義は、クラス定義内で「def」を使って関数と同じように記述します。関数と大きく異なる点は、第一引数に必ず「self」を利用するところです。このselfは、メソッドを実行するオブジェクトそのものを指しています。

例えば__init__の中では、「self.balance」のように、selfオブジェクトが持つbalance属性を初期値0に設定しています。

```
>>> account1 = BankAccount()
>>> account2 = BankAccount()
>>> account1.deposit(100)
>>> account1.balance
100
>>> account2.balance
0
```

このように作成されたオブジェクトは、それぞれ独自の属性を持っています。account1のbalanceを変更してもaccount2のbalanceの値は変更されません。

5-1-4　プロパティ

balanceは属性なので、外部から変更が可能です。

```
>>> account = BankAccount()
>>> account.balance = 1
```

```
>>> account.balance
1
```

balanceをプロパティに変更して、値の取得のみを可能にしてみましょう（**リスト5.2**）。

リスト5.2 bankaccount.py

```python
class BankAccount(object):
    def __init__(self):
        self._balance = 0

    @property
    def balance(self):
        return self._balance

    def deposit(self, amount):
        self._balance += amount

    def withdraw(self, amount):
        self._balance -= amount
```

残高をインスタンス変数「balance」から、「_balance」に変更しました。残高を確認するには、balanceメソッドを通して行います。

```
>>> account = BankAccount()
>>> account.balance = 1
Traceback (most recent call last):
  File "<stdin>", line 1, in <module>
AttributeError: can't set attribute
```

balanceは取得専用のプロパティとなっているため、値を代入しようとするとエラーが発生します。この場合のエラーは単に代入不可能であることだけがわかります。

balanceプロパティに値設定を追加して、わかりやすいエラーを出すようにしてみましょう（**リスト5.3**）。

リスト5.3 bankaccount.py

```
class BankAccount(object):
    ...
    @property
    def balance(self):
        return self._balance

    @balance.setter
    def balance(self, value):
        raise AttributeError("can't set balance, use ``deposit`` or ↵
``withdraw.``")
```

プロパティは、setterを使って値を代入するためのメソッドを指定できます。ここでは@balance.setterを、値を受け取るbalance(self, value)メソッドに追加しています。

```
>>> account = BankAccount()
>>> account.balance = 1
Traceback (most recent call last):
  File "<stdin>", line 1, in <module>
  File "<stdin>", line 9, in balance
AttributeError: can't set balance, use ``deposit`` or ``withdraw.``
```

「balance(self, value)」メソッド内ではエラーを発生させているため、balanceプロパティへの代入は先ほどと同じようにエラーが発生します。エラーのメッセージを変更したので、こちらは単に代入不可能であることだけでなく、depositメソッドやwithdrawメソッドを利用することを説明するようになっています。

Pythonには完全なプライベート属性が存在しないので、実際にはオブジェクトの属性はすべてアクセス可能です。「_balance」という名前の属性に変更しましたが、このような名前でも結局は「account._balance」といったようにアクセスできてしまいま

す。Pythonプログラマーは多くの場合、「_」で始まる名前をプライベートなものだと考えて利用しています。

5-1-5　クラス内のメソッドで処理をまとめる

クラス内での処理をまとめるために、プライベートなメソッドを作成することがあります。BankAccountの金額変更の処理を「_update_balance」メソッドでまとめてみましょう。

リスト5.4 bankaccount.py

```python
class BankAccount(object):
    ...

    def deposit(self, amount):
        self._update_balance(self._balance + amount)

    def withdraw(self, amount):
        self._update_balance(self._balance - amount)

    def _update_balance(self, new_balance):
        self._balance = new_balance
```

まず、残高の更新処理を_update_balanceに集めています。クラス内の別のメソッドを呼び出すときには、selfを使います。withdrawメソッドやdepositメソッドから_update_balanceを呼び出すには、「self._update_balance()」といった形で呼び出します。

残高更新処理が1箇所に集められたので、ここで値のチェックを行うことにしましょう。残高は負の値にしてはいけないようにします。

リスト5.5 bankaccount.py

```python
def _update_balance(self, new_balance):
    if new_balance < 0:
        raise ValueError
```

```
        self._balance = new_balance
```

new_balanceが負の値だった場合は、ValueErrorを発生させるようにしました。

```
>>> account = BankAccount()
>>> account.deposit(10)
>>> account.balance
10
>>> account.withdraw(11)
Traceback (most recent call last):
  File "<stdin>", line 1, in <module>
  File "<stdin>", line 2, in withdraw
  File "<stdin>", line 16, in _update_balance
ValueError
```

10預け入れ（deposit）の後に、11引き出し（withdraw）をしようとしたため、残高が負の数となってエラーが発生します。

5-2 継承

5-2-1 継承で処理を拡張する

クラスを継承すると、機能を追加できます。BankAccountクラスを継承し、残高の履歴を残す機能を追加してみましょう。bankaccount.pyにBankAccountクラスを継承したクラスを追加していきます（**リスト5.6**）。

リスト5.6 bankaccount.py

```python
class HistoricalBankAccount(BankAccount):
    def __init__(self):
        super(HistoricalBankAccount, self).__init__()
        self.history = [self._balance]
```

```
    def _update_balance(self, new_balance):
        self(HistoricalBankAccount, self)._update_balance(new_balance)
        self.history.append(self._balance)
```

　残高処理後にその値をhistoryに追加します。このhistoryの初期化を__init__に追加しています。**リスト5.6**の_update_balanceメソッドのように、親クラスのメソッドを再定義することを「オーバーライド」と呼びます。この_update_balanceの中では、親クラスの元のメソッドを呼び出した後に、追加の処理を行っています。親クラスの元の処理を呼び出すには「super」を利用します。

5-2-2　継承で処理を追加する

　withdrawやdepositなどの振る舞いはそのままに、履歴を残すように機能を拡張しました。次に履歴を扱う処理を追加してみましょう。**リスト5.7**は最大値や平均値を取得するメソッドを追加する例です。

リスト5.7 bankaccount.py

```python
class NumericalBankAccount(HistoricalBankAccount):
    @property
    def max_balance(self):
        return max(self.history)

    @property
    def min_balance(self):
        return min(self.history)

    @property
    def balance_average(self):
        return sum(self.history) / len(self.history)
```

　今回は、まったく新しい振る舞いを追加しています。計算結果を返すメソッドをプロパティとして定義しました。

5-2-3　オブジェクトのクラスを確認する

あるオブジェクトがどのクラスに属するのか確認するには、isinstance関数を利用します。

```
>>> account = BankAccount()
>>> isinstance(account, BankAccount)
True
```

accountオブジェクトはBankAccountクラスから作成されているので、「isinstance(account BankAccount)」の結果はTrueになります。

```
>>> account = HistoricalBankAccount()
>>> isinstance(account, HistoricalBankAccount)
True
>>> isinstance(account, BankAccount)
True
```

継承したクラスから作成したオブジェクトの場合、継承元のクラスの一種であると解釈されます。このため、BankAccountを継承したHistoricalBankAccountのオブジェクトでも、「isinstance(account, BankAccount)」はTrueとなります。

では直接そのオブジェクトのクラスを取得するにはどうすればよいでしょうか？ この場合にはtype関数を使います。

```
>>> account1 = BankAccount()
>>> type(account1)
<class '__main__.BankAccount'>
>>> type(account1) == BankAccount
>>> account2 = HistoricalBankAccount()
>>> type(account2)
<class '__main__.HistoricalBankAccount'>
>>> type(account2) == BankAccount
False
```

この場合、HistoricalBankAccountクラスのオブジェクトからはHistoricalBankAccountクラスを取得できるため、「type(account2)」で取得できたクラスとBankAccountクラスを比較すると、Falseになります。

5-3 スペシャルメソッド

Pythonのクラスには、「スペシャルメソッド」と呼ばれる特殊なメソッドがあります。スペシャルメソッドを利用すると、データ型の変換や演算子への対応などを自分で作成したクラスに定義できます。

5-3-1 int型への変換

「__int__」メソッドを定義すると、int型に変換できるようになります。

```
>>> class B(object):
...     def __int__(self):
...         return 10
...
>>> b = B()
>>> int(b)
10
```

どのような整数に変換されるかは、__int__メソッドで自分で定義しなければなりません。int関数に渡されたオブジェクトに__int__メソッドが定義されていた場合に、__int__メソッドが実行され、その値が利用されます。

__int__メソッドをBankAccountクラスで定義してみましょう。

リスト5.8 bankaccount.py

```
class BankAccount(object):
    ...
    def __int__(self):
        return self._balance
```

BankAccountオブジェクトをintに変換すると、_balance属性の値となるように定義しました。

```
>>> account = BankAccount()
>>> int(account)
0
>>> account.deposit(10)
>>> int(account)
10
```

BankAccountオブジェクトがint関数で整数に変換できるようになりました。

5-3-2　リストやタプルなどへの変換

特殊な型への変換として「__iter__」があります。__iter__メソッドを使うと、イテレータへの変換が可能になります。

list、tuple、setはイテレータからそれぞれの型へ変換するため、__iter__を定義するだけでこれら3つの型への変換に対応できます。

```
>>> class C(object):
...     def __iter__(self):
...         return iter([1,2,3])
...
>>> c = C()
>>> list(c)
[1, 2, 3]
>>> tuple(c)
(1, 2, 3)
>>> set(c)
{1, 2, 3}
```

HistoricalBankAccountではhistoryを__iter__で返すことにしましょう。Historical Bank Accountで**リスト5.9**のように定義します。

リスト5.9 bankaccount.py

```
class HistoricalBankAccount(BankAccount):
    ....
    def __iter__(self):
        return iter(self.history)
```

ではlistへの変換を確認してみましょう。

```
>>> account = HistoricalBankAccount()
>>> list(account)
[0]
>>> account.deposit(100)
>>> account.withdraw(10)
>>> list(account)
[0, 100, 90]
```

生成直後では初期値の0のみが要素となるリストに変換されます。depositメソッドやwithdrawメソッドで残高の変更を行ってからlistに変換すると、historyに追加された内容のリストが得られます。

5-3-3　真偽値として扱えるようにする

「__bool__」メソッドを定義すると、そのクラスのオブジェクトは真偽値で扱えるようになります。また、__bool__メソッドを定義していない場合は、Trueとして扱われます。

BankAccountの真偽値は_balance属性が0かそれ以上かで判断することにします（**リスト5.10**）。

リスト5.10 bankaccount.py

```
class BankAccount(object):
    ...
    def __bool__(self):
        return self._balance > 0
```

```
>>> account = BankAccount()
>>> bool(account)
False
>>> account.deposit(10)
>>> bool(account)
True
```

　BankAccountオブジェクトの_balance属性は初期値が0なので、生成直後にbool へ変換するとFalseになります。depositメソッドで_balanceを増加させてからbool に変換するとTrueになります。

確認テスト

クラスを使って**TODO**リストを作成してみましょう。**TODO**リストとは、やること（**TODO**）をリストにしたもので、完了したことはリストから削除します。

Q1 クラスを定義

やることを表す**Todo**クラスと、そのリストを持つ**TodoList**クラスを定義しましょう。
Todoクラスはやることの内容を表す**contents**属性を持つようにします。**contents**属性は`__init__`メソッドで受け取った内容を保持するようにしましょう。
TodoListは**Todo**クラスのオブジェクトを複数持つための属性**todos**を持つようにします。**todos**は`__init__`メソッド内で空のリスト`[]`で初期化しましょう。
以下のように動作することを確認してください。

```
>>> todo = Todo(" やること ")
>>> todo.contents
```

```
'やること'
>>> todolist = TodoList()
>>> todolist.contents
[]
```

Q2 メソッドを追加する

TodoListクラスに、Todoを追加するためのメソッドaddを追加しましょう。addでは文字列contentsを受け取るようにします。受け取ったcontentsでTodoクラスのオブジェクトを作成して、todos属性に追加しましょう。

また、Todoを完了してリストから削除するためのメソッドfinishを追加しましょう。finishメソッドでは、数値indexを受け取るようにします。todos属性から、受け取ったindexの位置にあるTodoオブジェクトを削除しましょう。

Todoクラスにスペシャルメソッド__repr__追加してみましょう。__repr__は、インタプリタなどで値を直接表示する内容を返すメソッドです。Todoオブジェクトの表示にcontents属性が含まれるようにしましょう。

以下のように動作することを確認してください。

```
>>> todolist = Todolist()
>>> todolist.todos
[]
>>> todolist.add("やること")
>>> todolist.todos
[Task(contents=やること)]
>>> todolist.add("さらにやること")
>>> todolist.todos
[Task(contents=やること), Task(contents=さらにやること)]
>>> todolist.finish(0)
>>> todolist.todos
[Task(contents=さらにやること)]
```

6時間目 覚えておきたいPythonの文法

これまで紹介した関数やクラス以外にも、**Python**はさまざまな文法を用意しています。ジェネレータを使うと、処理の途中で複数回戻り値を返す関数のようなものを作成できます。デコレータやコンテキストマネージャを利用すると、ある処理の前後で実行したい処理をまとめられます。

今回のゴール

- ジェネレータの動作を理解する
- デコレータやコンテキストマネージャを使って前処理、後処理をまとめてみる

» 6-1 ジェネレータ

6-1-1 ジェネレータとは

　Pythonの関数は、処理を実行後に値を1回だけ返して処理を終了します。「ジェネレータ」は、処理の途中で複数回値を返す関数のようなものです。

　非常に簡単な例ですが、int値を順に1、2、3と返すジェネレータを定義してみましょう。

```
>>> def gen123():
...     yield 1
...     yield 2
...     yield 3
```

ジェネレータは関数と同様に「def」で定義します。ただし、関数と異なり、「return」の代わりに「yield」で値を返します。

では、このジェネレータを実際に使ってみましょう。

```
>>> gen123()
<generator object gen123 at 0x00D0E810>
```

「gen123()」を実行してみると、この呼び出しではジェネレータオブジェクトが返ってきます。ジェネレータはイテレータの一種なのです。そのため、next関数で値を順に取得できます。

```
>>> g = gen123()
>>> next(g)
1
>>> next(g)
2
>>> next(g)
3
>>> next(g)
Traceback (most recent call last):
  File "<stdin>", line 1, in <module>
StopIteration
```

next関数にジェネレータを渡すと、ジェネレータ内のyieldごとに値が返ってきます。最後まで実行されるとStopIteration例外が発生します。

イテレータとしてfor文でも扱えます。

```
>>> for i in gen123():
...     print(i)
...
1
2
3
```

for文を利用した場合、ジェネレータの処理が完了してStopIteration例外が内部で発生するまでループが実行されます。

6-1-2　サブジェネレータ

ジェネレータからさらに別のジェネレータを利用することもできます。

```
>>> def gen_abc():
...     yield 'a'
...     yield 'b'
...     yield 'c'
>>>
>>> def gen_123():
...     yield 1
...     yield 2
...     yield 3
>>>
>>> def gen_multi():
...     g1 = gen_abc()
...     g2 = gen_123()
...     for i in g1:
...         yield i
...     for i in g2:
...         yield i
```

gen_multiジェネレータは内部でgen_abcとgen_123の二種類のジェネレータを利用します。それぞれのジェネレータをfor文で扱い、取得した値を再度yieldで返すようにしています。

gen_multiジェネレータを実行すると、以下のようになります。

```
>>> for i in gen_multi():
...     print(i)
...
```

```
a
b
c
1
2
3
```

内部で別のジェネレータを利用する場合、「yield from」を利用できます。

```
>>> def gen_multi():
...     g1 = gen_abc()
...     g2 = gen_123()
...     yield from g1
...     yield from g2
```

「yield from」を利用すると、対象のジェネレータがyieldで返す値を外側のジェネレータの値として返すようになります。複数のジェネレータを組み合わせて新しいジェネレータを作成する場合には、この「yield from」を利用すると簡易に記述できます。

6-1-3　途中で値を受け取るジェネレータ

yieldは実際には式です。つまり、yieldを実行すると値が返ってきます。

next関数の代わりにジェネレータのsendメソッドを使うと、直前にyieldした部分に値を送り込めます。送り込んだ値はyieldの値となって、ジェネレータの中で利用されます。

```
>>> def accum():
...     v = 0
...     while True:
...         v += yield v
```

このジェネレータは、変数vに、sendから送られてyieldで返ってくる値を値を足していきます。また、このジェネレータは処理を完了しないジェネレータです。処理を完了しないジェネレータはfor文では扱わず、sendやnextで値を取得したり値を渡

したりして使います。

```
>>> a = accum()
>>> next(a)
0
>>> a.send(1)
1
>>> a.send(1)
2
>>> a.send(199)
201
```

　sendメソッドを実行するには、最低でも1回はyieldが実行されていなければなりません。そのため、初回はnext関数を実行します。その後はsendメソッドで値をどんどん送り込んでいきます。sendメソッドを実行すると、ジェネレータは送り込まれた値を利用して次のyieldまで処理を実行します。

6-1-4　ジェネレータの戻り値

　ジェネレータは処理中にyield文で値を返していきます。処理の最後に、関数と同様にreturn文で値を返すこともできます。

```
>>> def gen_ret():
...     yield 1
...     yield 2
...     return 3
```

　最後の3を返す部分を「return」に変更しました。まずは、ジェネレータをfor文で扱ってみましょう。

```
>>> for i in gen_ret():
...     print(i)
...
1
```

```
2
```

　この場合、yieldで返された値だけがfor文で利用されるため、returnで返された値はfor文のループには利用されません。では、next関数で扱ってみましょう。

```
>>> g = gen_ret()
>>> next(g)
1
>>> next(g)
2
>>> next(g)
Traceback (most recent call last):
  File "<stdin>", line 1, in <module>
StopIteration: 3
```

　ジェネレータ終了時に発生するStopIteration例外に、returnで返された値が渡されていることがわかります。例外処理でStopIterationからこの値を取得してみましょう。

```
>>> g = gen_ret()
>>> next(g)
1
>>> next(g)
2
>>> try:
...     next(g)
... except StopIteration as e:
...     print(e.args)
...
(3,)
```

　このように、StopIteration例外に渡された値はargs属性で取得できます。

6-1-5 サブジェネレータの返す値を受け取る

yieldで値を受け取ることができました。「yield from」も値を返すようになっています。「yield from」で返してくる値は、そのジェネレータがreturn文で返した値です。

```
>>> def gen_gen_ret():
...     g1 = gen_ret()
...     v = yield from g1
...     yield 'a'
...     yield v
```

「gen_ret()」のreturnが返した値「3」を変数vに保持しておき、直接「"a"」をyieldで返しています。その後、変数vに入っている値をyieldしています。

このジェネレータがどのように値を返すのか、for文で確認してみましょう。

```
>>> for i in gen_gen_ret():
...     print(i)
...
1
2
a
3
```

最初の1、2は内部のgen_retがyieldで返した値です。その後、gen_gen_retが"a"を直接yieldし、最後にgen_retから受け取った値をyieldで返すため、結果として、1、2、"a"、3という順に値が返されています。

6-2 内包表記

6-2-1 リスト内包表記

リストの各要素を処理して新しいリストを作るような処理は、非常に多く利用されます。例えば、「[1, 2, 3]」といった数値のリストを、それぞれの要素が2倍の値とな

る新しいリストに変換する処理を考えてみましょう。

```
>>> result = []
[2, 4, 6]
>>> for i in [1, 2, 3]:
...     result.append(i * 2)
```

2倍する処理をfor文の中で実行し、結果を新しいリストに追加しています。Pythonは、このような処理を「内包表記」と呼ばれる記述を使って、1つの式で書くことができます。内包表記では以下のようになります。

```
>>> [i * 2 for i in [1, 2, 3]]
[2, 4, 6]
```

この式は新しいリストを作るため、「リスト内包表記」と呼びます。リスト内包表記は以下のような文法です。

> **書式**
>
> [新しいリストの要素を表す式 for 元のリストの要素を表す変数名 in 元のリスト]

元のリストの要素を表す変数名は、新しいリストの要素を表す式の中で利用できます。元のリストの要素1つずつに対して、新しいリストの要素を表す式が実行されます。

6-2-2　さまざまな内包表記

リスト以外に、辞書やセットなども同様に内包表記が存在します。

```
>>> {i * 2 for i in [1, 2, 3]}
{2, 4, 6}
```

```
>>> {i: i * 2 for i in [1, 2, 3]}
{1: 2, 2:4, 3: 6}
```

元になる値はリストに限らず、for文で扱えるものであれば何でもかまいません。

```
>>> [i * 2 for i in gen_123()]
[2, 4, 6]
```

「gen_123()」は前出のジェネレータです。ジェネレータはfor文で扱えるので、内包表記でも問題なく利用できます。

6-2-3　ジェネレータ内包表記

ジェネレータにも内包表記が用意されています。

```
>>> (i * 2 for i in gen_123())
<generator object <genexpr> at 0x00D0E9F0>
>>> g = (i * 2 for i in gen_123())
>>> next(g)
2
>>> next(g)
4
>>> next(g)
6
>>> next(g)
Traceback (most recent call last):
  File "<stdin>", line 1, in <module>
StopIteration
```

リスト内包表記は新しくリストを作成するため、メモリを消費します。すぐにfor文でループする場合は、ジェネレータ内包表記を利用すれば余計なメモリを使わずに済みます。

```
>>> for i in [i * 2 for i in gen_123()]:
...     print(i)
...
2
4
```

```
6
>>> for i in (i * 2 for i in gen_123()):
...     print(i)
...
2
4
6
```

前者の場合、いったん「[2, 3, 4]」というリストを作成してから、そのリストをfor文でループしています。後者の場合、ジェネレータが順に2、3、4と値を返してきます。

どちらも内包表記の結果は変数に代入していないため、リスト用のメモリをいったん確保しなければならないリスト内包表記を利用するよりも、ジェネレータ内包表記を利用したほうがメモリ利用の効率が上がります。

6-3 コンテキストブロック

　ファイルやネットワーク接続を使う処理を行った場合、それらのリソースは適切な後処理が必要です。後処理を必ず行わせるために、「with」ブロックを利用したコンテキスト制御が便利です。

　withブロックで指定されたコンテキストは、そのブロックの開始前に「__enter__」メソッドを実行します。また、そのブロックが終了した直後に「__exit__」メソッドを実行します。__exit__メソッドには、withブロックの実行中に発生したエラー情報も渡されます。

6-3-1 簡単なコンテキストマネージャ

　コンテキストブロックの実行前後で「"enter"」と「"exit"」という文字列を表示するコンテキストマネージャTraceContextManagerを作成してみましょう。

```
>>> class TraceContextManager:
...     def __enter__(self):
...         print("enter")
```

```
...     def __exit__(self, exc_type, exc_value, traceback):
...         print("exit")
```

実際にwith文でTraceContextManagerを利用してみます。

```
>>> with TraceContextManager():
...     print("Hello")
...
enter
Hello
exit
```

withブロックでTraceContextManagerクラスのインスタンスを指定しています。これにより、このブロックでのコンテキストマネージャがTraceContextManagerオブジェクトとなります。

withブロック内の処理が始まる前に__enter__メソッドが呼ばれます。__enter__メソッドが実行されると、ここでは"enter"が表示されます。

その後にブロック内の処理が実行されるので、"Hello"が表示されます。

ブロック内の処理が終わると、TraceContextManagerオブジェクトの__exit__メソッドにより、"exit"が表示されます。

6-3-2 contextlibを使ったコンテキストマネージャの作成

基本的なコンテキストマネージャの作成にはクラスの定義が必要です。「contextlib」ライブラリを利用すると、ジェネレータを利用して簡単にコンテキストマネージャを作成できます。

```
>>> @contextlib.contextmanager
>>> def trace_context_manager():
...     try:
...         print("enter")
...         yield
```

```
...     finally:
...         print("exit")
```

　yield文の前後で、コンテキストマネージャの__enter__、__exit__相当の処理を実行できます。withブロック内でエラーが発生した場合は、yield文でエラーが発生したように扱われます。contextlibを利用した場合は、try、except、finallyを利用したエラー処理を行えます。

6-4 デコレータ

　「デコレータ」とは、既存の関数の前後に処理を追加するデザインパターンです。デコレータを実現するには、対象の関数を受け取って新たな関数を返すようにする必要があります。Pythonはデコレータを文法でサポートしているので、簡単にデコレータを実装できます。

6-4-1　関数を受け取り、関数を返す関数

　with文の例と同様に、関数の呼び出し前後で"enter"、"exit"を表示するデコレータを作成してみましょう。

```
>>> def trace_decorator(func):
...     def wrap():
...         print("enter")
...         func()
...         print("exit")
...     return wrap
```

　このtrace_decorator関数は、「func」という引数で対象の関数を受け取ります。そして、内部で新しい関数を作成します。新しい関数では、"enter"を表示した後に、trace_decoratorで受け取ったfunc関数を実行します。その後、"exit"を表示します。
　受け取った元の関数の前後に処理を追加して実行する関数wrapを、trace_decoratorが返します。
　このデコレータを利用してみましょう。

```
>>> def hello():
...     print("hello")
>>> h = trace_decorator(hello)
>>> h()
enter
hello
exit
```

"hello"を表示するだけの簡単な関数helloに、デコレータを適用しています。trace_decoratorの引数に「hello」を渡して呼び出すと、デコレータを適用した関数が返ってきます。この関数を変数hで受け取り、「h()」として実行しています。

6-4-2　デコレータの文法

最初からデコレータを適用する前提で関数を定義する場合、関数定義をして、その後にデコレータの適用を行うというのは面倒です。デコレータ構文を使うと、適用対象の関数の定義時にデコレータの適用も同時に行えます。

```
>>> @trace_decorator
... def hello():
...     print("hello")
```

デコレータ構文では、対象の関数を定義する直前に「@」を前置してデコレータ名を書きます。この結果、hello関数はデコレータ適用済みの関数となります。

6-4-3　デコレータ対象の引数と戻り値

先ほどまでデコレータの対象として使ったhello関数は、引数を受け取らず、戻り値も返さない関数でした。しかし、デコレータの対象の関数は引数を受け取り、値を返すことも多くあります。

デコレータを作成するときには、対象の関数に引数を渡し、戻り値を呼び出し元に返すように作成しなければなりません。また、対象の関数が例外を発生させる場合も考えられます。

これらのことに注意して、trace_decoratorを作り直してみましょう。

```
>>> def trace_decorator2(func):
...     def wrap(*args, **kwargs):
...         try:
...             print("enter")
...             return func(*args, **kwargs)
...         finally:
...             print("exit")
...     return wrap
```

　内部で作成される関数を、引数を受け取るように変更しました。ここでは引数の内容には興味がないため、「*args, **kwargs」のようにどのような引数でもすべて受け取っています。この引数をfuncを呼び出すときにそのまま渡すようにしています。また、funcが返す値をそのまま関数の戻り値にしました。

6-4-4　デコレータで引数や戻り値を変更する

　デコレータでは、対象の関数を呼び出す間に受け取った引数を変更することができます。

```
>>> def abs_decorator(func):
...     def wrap(a, b):
...         a = abs(a)
...         b = abs(b)
...         return abs(func(a, b))
...     return wrap
```

　これは引数をabs関数で絶対値にして渡し、戻り値も絶対値にしてから返すデコレータです。

```
>>> @abs_decorator
... def sub(a, b):
...     return a - b
...
```

```
>>> sub(-1, -2)
1
>>> sub(3, 4)
1
```

単なる引き算をするsub関数ですが、abs_decoratorを適用しているため、引数を絶対値にしてから引き算して、結果を絶対値に直します。

6-4-5　functools.wraps

デコレータを適用すると新しい関数になってしまうため、元の関数のドキュメントなどは読めなくなってしまいます。

```
>>> @trace_decorator2
... def greeting(message):
...     """ message を表示します """
...     print(message)
...
>>> greeting.__doc__ is None
True
```

functools.wrapsを使うと、デコレータ適用対象の関数の情報を、デコレータ内で作成した関数にコピーしてくれます。

```
>>> import functools
>>> def trace_decorator3(func):
...     @functools.wraps(func)
...     def wrap(*args, **kwargs):
...         try:
...             print("enter")
...             return func(*args, **kwargs)
...         finally:
...             print("exit")
```

```
...     return wrap
```

では、実際に元の関数の情報が得られるか確認してみましょう。

```
>>> @trace_decorator3
... def greeting(message):
...     """ message を表示します """
...     print(message)
...
>>> greeting.__doc__
' message を表示します '
```

デコレータ適用のドキュメントが、デコレータ適用後でも __doc__ から得られていることがわかります。

確認テスト

Q1 ジェネレータ1

等比数列を生成するジェネレータ **geometric** を作成してみましょう。等比数列とは、以下のような数を順に返すものです。

❶ 最初の値は初項aの値を返す
❷ 2番目以降の値は前の値に公比rをかけた値を返す

初項 **a=3**、公比 **r=4** で作成したジェネレータが以下のように値を返すように作成してください。

```
>>> g = geometric(a=3, r=4)
>>> next(g)
3
>>> next(g)
12
>>> next(g)
48
```

最初のnextの結果は初項の値3を返します。2回目は、最初の3に公比4の値をかけた12を返します。3回目は、2回目の値12にさらに公比4の値をかけた48を返します。

Q2 ジェネレータ2

数値をsendすると、それまでsendした値を合計した値を返すジェネレータaccumを作成してみましょう。

```
>>> a = accum(0)
>>> next(a)
0
>>> a.send(10)
10
>>> a.send(100)
110
```

sendできるようにするには、最初に1回nextを呼びます。最初のnextでは、初期値を返すようにしましょう。その後のsendメソッドで10を渡すと、初期値0と10の合計値の10が返ってきます。さらに100をsendメソッドに渡すと0、10、100が合計され、100が返ってきます。

Q3 コンテキストマネージャ

withブロック内の処理にかかった時間を表示するコンテキストマネージャtimelogを作成してみましょう。実行時の時間はtimeモジュールのtime関数で取得できます。time関数の値を取得して、引き算した値を表示するようにしましょう。

```
>>> import time
>>> t1 = time.time()
>>> t2 = time.time()
>>> t2 - t1
3.6198534965515137
```

コンテキストマネージャでは、実行前後のtimeの値を処理して、ブロッ

ク終了時にかかった時間を表示するようにします。

```
>>> with timelog():
...     a = 0
...     for i in range(10000):
...         a += i
...     print(a)
...
49995000
0.0050487518310546875
```

0～10000までの値を足し続けるループを実行してみると、0.0050487518310546875秒で処理できたことがわかります。

Q4 デコレータ

Q3で作成したコンテキストマネージャ**timelog**を使って、デコレータ**timelog_decorator**を作成してみましょう。

```
>>> @timelog_decorator
... def loop():
...     a = 0
...     for i in range(10000):
...         a += i
...     print(a)
...
>>> loop()
49995000
0.0050487518310546875
```

0～10000までの値を足し続ける関数を実行してみると、0.00504875183 10546875秒で処理できたことがわかります。

7時間目 ファイルと文字列

多くの場合、プログラムが扱うデータはどこかに保存されたものを利用します。また、Pythonは文字列データの扱いに長けています。文字列データとファイルをPythonで扱えるようになりましょう。

日付時刻も実際のアプリケーションでよく使われるデータです。文字列から日付時刻への変換や現在時刻の取得だけでなく、時間計算や地域ごとの時差などを理解しましょう。

今回のゴール

- ファイルとテキストデータの取り扱いを覚える
- 正規表現を利用してテキストデータを加工できるようになる
- 文字コードやタイムゾーンなど基礎的な国際化の方法を知る

≫ 7-1 ファイルと文字列

7-1-1 文字列とバイト列

ファイルに保存されるデータを大雑把に2つに分けると、「テキストデータ」と「バイナリデータ」に分かれます。

テキストデータは、人間が読める文字データの羅列になっています。単純な文章や、プログラムのソースコードなどは通常、テキストデータです。

バイナリデータは、画像や動画などの主にコンピュータが処理するためのデータです。

Pythonは、文字列として扱うテキストデータを「str」、バイナリデータを「bytes」で扱います。

strをプログラム中で表現するには、「"」や「'」で囲まれた文字列リテラルを利用しますが、bytesの場合は「b」を前置して表現します。

```
>>> "a"
'a'
>>> b"a"
b'a'
>>> b"\x61"
b'a'
>>> b'\xe3\x81\x82'
'\xe3\x81\x82'
```

「b'a'」とあることからもわかるように、テキストもバイト列で表現できます。「'a'」のバイト表現は多くの場合ASCIIコードを利用するので、「b'\x61'」となります。しかし、日本語などのマルチバイト文字を扱う文字コードは複数存在するため、例えば「"あ"」がバイト列でどう表現されるのかは環境によって異なります。「"あ"」をutf-8という文字コードで表現すると、'\xe3\x81\x82'といったバイト列で表されます。

Pythonは、文字列を扱うのにユニコードを利用し、文字列処理には文字コードを意識しないようになっています。とはいえ、最終的にファイルに書き込むにはバイト列でなければならないため、ファイルからの読み書きをするときにはやはり文字コードを意識しなければなりません。

> **Column　strリテラルにuを前置する意味**
>
> bytesリテラルに「b」を前置するのと同様に、strリテラルに「u」を前置することもできます。「u」を前置するリテラルは、Pythonのバージョン2系ではユニコードのために使われていました。Pythonのバージョン3系ではstrが直接ユニコードを扱うようになったため、前置は不要となりましたが、互換性のためにバージョン3.3でこのサポートが復活しています。よって、Pythonバージョン3.3以降では、「u」を前置してもしなくてもstrとして扱われます。

7-1-2　文字列とバイト列の相互変換

文字列をバイト列に変換するには、「encode」メソッドを利用します。このとき、どの文字コードでバイト列にするのか指定する必要があります。

```
>>> 'あ'.encode('sjis')
b'\x82\xa0'
>>> 'あ'.encode('euc-jp')
b'\xa4\xa2'
>>> 'あ'.encode('utf-8')
b'\xe3\x81\x82'
```

逆に、バイト列を文字列に変換するには、「decode」メソッドを利用します。

```
>>> b'\x82\xa0'.decode('sjis')
'あ'
>>> b'\xa4\xa2'.decode('euc-jp')
'あ'
>>> b'\xe3\x81\x82'.decode('utf-8')
'あ'
```

指定した文字コードで解釈できないデータが渡された場合は、UnicodeDecodeErrorが発生します。

```
>>> b'\xa4\xa2'.decode('utf-8')
Traceback (most recent call last):
  File "<stdin>", line 1, in <module>
UnicodeDecodeError: 'utf-8' codec can't decode byte 0xa4 in position ↵
0: invalid start byte
```

7-1-3　テキストファイルを読み込む

テキストファイルから文字列を読み込むには、「open」関数を使って得られるファイルオブジェクトの「read」メソッドを利用します。

```
>>> f = open("dummy.txt")
>>> f.read()
>>> f.close()
```

readメソッドで内容を読み取った後は、「close」メソッドでファイルを解放しましょう。

7-1-4　テキストファイルの文字コード

open関数は2つ目の引数でモードを指定できます。デフォルトでは、テキストファイルを読み取り専用で開くようになっています。

テキストファイルを開く際、ファイルの内容が期待する文字コードでない場合はエラーが発生します。文字コードの指定はキーワード引数「encoding」で指定しますが、指定しなかった場合はプラットフォームごとに決められたデフォルト値が利用されます。デフォルト値はlocaleモジュールのgetpreferredencoding関数で得られます。

```
>>> import locale
>>> locale.getpreferredencoding()
'UTF-8'
```

Ubuntu Linuxで確認すると、おそらく「UTF-8」が返されます。つまり、このプラットフォームでは、UTF-8のテキストファイルであれば「encoding」を指定しなくても問題なく開けます。Windowsでは「cp932」などが返されます。cp932はWindowsの日本語版で用いられている文字コードです。

このようなプラットフォームの違いを気にしないようにするには、encodingで文字コードを指定します。

```
>>> f = open("dummy.txt", encoding="utf-8")
>>> f.read()
>>> f.close()
```

open関数のキーワード引数encodingで「"utf-8"」を指定しているため、このコードはどのプラットフォームでもUTF-8の文字コードでファイルを開きます。

7-1-5　with文で安全にファイルを扱う

開いたファイルオブジェクトは、使い終わった際にcloseメソッドで解放しなければなりません。ファイルオブジェクトはコンテキストマネージャに対応しているので、with文を使って安全に利用できます。

```
>>> with open("dummy.txt") as f:
...     f.read()
```

with文でopen関数を利用すると、ブロックの終了時に自動でファイルオブジェクトのcloseメソッドが呼ばれます。ブロック内でエラーが発生した場合でも実行されるので、自分でcloseメソッドを呼び出すよりも安全です。ファイルを扱う範囲もブロックで明示できるため、with文を利用することをお勧めします。

7-1-6　バイト列の読み込み

open関数の第二引数にモードを指定することで、バイナリファイルを扱えます。

```
>>> with open("dummy.data", "rb") as f:
...     f.read()
```

第二引数の「rb」がモードです。1文字目の「r」が読み取り専用ということを、2文字目の「b」がバイナリモードであることを表しています。バイナリモードでは、readメソッドはバイト列を返します。

7-1-7　ファイルに書き込もう

ファイルに書き込むには、まず、open関数で「"w"」モードを指定して開きます。"w"モードで開いたファイルオブジェクトは、「write」メソッドを利用してデータをファイルに書き込めます。

```
>>> with open("new_dummy.txt", "w") as f:
...     f.write("abcde")
...
5
```

writeメソッドは、戻り値で書き込んだ文字数を返します。
　open関数のモードで、文字列を書き込むときは「"w"」とするか、明示的に「"wt"」とします。バイト列を書き込むときは「"wb"」としましょう。

```
>>> with open("new_dummy.txt", "wb") as f:
...     f.write(b"abcde")
...
5
```

バイナリモードで開いたファイルオブジェクトに文字列を書き込もうとすると、エラーが発生します。

```
>>> with open("new_dummy.txt", "wb") as f:
...     f.write("abc")
...
Traceback (most recent call last):
  File "<stdin>", line 2, in <module>
TypeError: a bytes-like object is required, not 'str'
```

バイナリモードで開いたファイルオブジェクトに文字列を書き込みたい場合は、文字列をencodeメソッドでバイナリデータに変換してから書き込みましょう。

```
>>> with open("new_dummy.txt", "wb") as f:
...     f.write("abc".encode('utf-8'))
```

この例では、文字コードにUTF-8を使って文字列を書き込むようにしています。

7-1-8　テキストファイルの行ごとの読み込み

ファイルオブジェクトは行ごとのテキストを返すイテレータとなっているため、for文で扱うことができます。複数行のテキストファイルを作成して、読み込んでみましょう。

```
>>> data = """あ
... い
... う"""
>>> with open("dummy.txt", "w", encoding='utf-8') as f:
```

```
...     f.write(data)
...
5
>>> with open("dummy.txt", encoding='utf-8') as f:
...     for line in f:
...         print(line)
...
あ

い

う
```

各行の文字列には改行文字も含まれているため、print関数が追加する改行と合わせて2回改行されています。

7-1-9 既存のファイルに追記する

完全に新しい内容を書き込むのではなく、既存ファイルの内容に追記したいこともあります。そのような場合は、"w"の代わりに「"a"」の追記モードでファイルを開きます。

```
>>> with open("dummy.txt", "a") as f:
...     f.write("\n 追加 ")
...
>>> with open("dummy.txt", encoding='utf-8') as f:
...     for line in f:
...         print(line)
...
あ

い
```

```
う
追加
```

先ほどのファイルに「\n追加」という文字列を追加しています。このファイルを開くと、元のファイルの内容の後に追加した文字列が書き込まれていることを確認できます。

7-1-10　ioモジュール

「io」モジュールには、ファイルなどの入出力に関係する便利な関数が用意されています。「io.StringIO」クラスは、ファイルのようなオブジェクトを作成します。「ファイルのようなオブジェクト」とは、多くの場合、readメソッドやwriteメソッドを使って文字列を読み書きできるものを指しています。

```
>>> import io
>>> data = """\
... a
... b
... c"""
>>> out = io.StringIO(data)
>>> out.read(3)
'a\nb'
>>> out.read(3)
'\nc'
>>> out.read(3)
''
```

内容を表すデータをio.StringIOの引数に渡してオブジェクトを作成します。そして、readメソッドで3文字ずつ読み出しています。

また、ファイルと同様にseekメソッドで読み出し位置を変更できます。今、データの最後まで読み出してしまったoutオブジェクトの読み出し位置を、seekメソッドを

使ってファイルの先頭に戻してみましょう。

```
>>> out.seek(0)
>>> for line in out:
...     print(line)
...
a

b

c
```

このように io.StringIO は、ファイルと同様の動作を、実際にはファイルを作成することなく行えます。

7-1-11　ユーザ入力を読み取ろう

標準入力から1行ずつ読み取って処理を行う場合は、「input」関数を利用するほうが、sys.stdin を使うよりも簡単です。

```
>>> a = input(' 入力してください :')
入力してください :abcde
>>> a
'abcde'
```

input 関数の引数は、入力を促すメッセージです。このような入力を促すメッセージを「プロンプト」と呼びます。プロンプトが表示された後に適当な文字列（例では「abcde」）を入力してエンターキーを押すと、input 関数の戻り値として入力内容が返ってきます。

7-2 ファイルシステム

ファイルの読み書きを行うためには、ファイルの場所がわからなければなりません。WindowsやOS X、Linuxなどは、「ファイル」とそれらをまとめる「ディレクトリ」を使った木構造でファイルを管理しています。このファイルの管理の仕方を「ファイルシステム」と呼びます。また、ファイルの場所を「パス」と呼びます。

Pythonでは、ディレクトリの作成などを「os」モジュールで、ファイルパスを操作するための関数を「os.path」モジュールで用意しています。

7-2-1 ディレクトリの作成

ディレクトリは複数のファイルをまとめるためのものです。ディレクトリの中には、ファイル以外にもさらに別のディレクトリを作成できます。osモジュールには、ディレクトリの作成や、ディレクトリの内容を取得する関数が揃っています。

```
>>> import os
>>> os.mkdir("a")
>>> os.mkdir("a/b/c")
Traceback (most recent call last):
  File "<stdin>", line 1, in <module>
OSError: [Errno 2] No such file or directory: 'a/b/c'
>>> os.makedirs("a/b/c")
>>> os.listdir("a")
['b']
>>> os.listdir("a/b")
['c']
>>> os.listdir("a/b/c")
[]
```

「os.mkdir」はディレクトリを作成する関数です。指定したパスの途中のディレクトリが存在しない場合はエラーになります。これに対し、「os.makedirs」は、指定したパスのディレクトリが存在しない場合には、足りない途中のディレクトリを含めて作成します。

例では、「a/b/c」というディレクトリをいきなり作成しようとしても「a」や「a/b」といったディレクトリが存在しないため、os.mkdirではエラーとなります。os.makedirsであれば、途中のa、a/bのディレクトリを含めて、a/b/cディレクトリを作成します。

ディレクトリの中にあるファイルやディレクトリを確認するには「os.listdir」関数を使えます。os.listdirは、指定したディレクトリ内に存在するファイルやディレクトリの名前をリストで返します。ただし、ディレクトリの中までたどることはしません。aディレクトリ以下にはbディレクトリ、b/cディレクトリが存在していますが、aディレクトリの直下にあるbディレクトリの名前だけが返されています。

あるディレクトリ以下のファイルやディレクトリをすべて処理するには、「os.walk」を使います。os.walkは、指定したディレクトリ以下のサブディレクトリごとに、そこに含まれるファイルやディレクトリを順番に返すイテレータです。

```
>>> os.makedirs("dummy/a/b/c")
>>> with open("dummy/a/dummyfile", "w") as f:
...     f.write("this is dummy")
...
13
>>> for root, dirs, files in os.walk("dummy"):
...     print((root, dirs, files))
...
('dummy', ['a'], [])
('dummy/a', ['b'], ['dummyfile'])
('dummy/a/b', ['c'], [])
('dummy/a/b/c', [], [])
```

os.walkのイテレータは3種類の値を返します。1つ目は対象としているディレクトリです。2つ目はそのディレクトリ以下にあるサブディレクトリ名のリストで、3つ目はファイルのリストです。それぞれのサブディレクトリやファイルを処理するには、これらのリストをさらにforループなどで取り出します。

以下に示すのは、rootとサブディレクトリやファイル名を「"/"」でつなげてファイルパスを取得する例です。

```
>>> for root, dirs, files in os.walk("dummy"):
...     for d in dirs:
...         print(root + "/" + d)
...     for f in files:
...         print(root + "/" + f)
...
dummy/a
dummy/a/b
dummy/a/dummyfile
dummy/a/b/c
```

　この例では直接print関数を使っていますが、ファイルパスを使用し、ファイルを開いて処理したり、特定のファイル名あるいはディレクトリ名のものだけリストに追加したりと、ファイルツリー上でさまざまな処理が可能です。

7-2-2　ファイルパスの操作

　ファイルパスには、現在作業しているディレクトリ（カレントディレクトリ）を基準とする「相対パス」とファイルツリーのルートを基準とする「絶対パス」があります。カレントディレクトリは「os.getcwd」で取得できます。

　パスの区切り文字は、OSごとに違います。先ほどの例ではパスを構成するために「/」でディレクトリ名とファイル名を結合しました。しかし、LinuxやOS Xでは「/」が使われるのに対し、Windowsでは「￥」です。また、Linuxではルートディレクトリは1つだけですが、Windowsでは複数のドライブに分かれています。

　こういった環境ごとの違いを「os.path」が吸収してくれます。

```
>>> import os.path
>>> os.path.join("a", "b", "c")
'a/b/c'
>>> os.path.split("a/b/c")
('a/b', 'c')
>>> os.path.split("a/b/c/")
('a/b/c', '')
```

```
>>> os.path.dirname("a/b/c")
'a/b'
>>> os.path.basename("a/b/c")
'c'
```

「os.path.join」は、渡された引数を環境に合わせたパス区切り文字で結合します。Linuxで実行すると「/」で結合されます。

「os.path.split」は逆にパスを分解する関数です。os.path.splitの戻り値は、最後のパス区切りで分離された親ディレクトリと子の名前のタプルになります。親は必ずディレクトリですが、子はサブディレクトリやファイルなどになります。

親ディレクトリ名だけを取得したい場合は「os.path.dirname」を利用します。逆に子の名前だけを取得する場合は「os.path.basename」を利用します。

7-3 正規表現

文字列を検索したり置換したりする際に、単純な文字列ではなく、あるパターンの文字列を取り扱いたい場合には「正規表現」を使います。正規表現を使うと、特定のパターンの文字列が含まれているか確認したり、パターンの一部を取り出したりすることができます。

Pythonでは「re」モジュールで正規表現を利用できます。

7-3-1　Pythonで扱える正規表現

一番簡単な正規表現は、「abc」のような単純な文字列です。この正規表現はそのまま「"abc"」という文字列にマッチします。

繰り返しのパターンを表すためには、「*」「?」「+」を利用します。

- 「*」は、直前の文字が0回以上繰り返されるパターンを表す
- 「?」は、直前の文字が0回か1回だけのパターンを表す
- 「+」は、直前の文字が1回以上繰り返されるパターンを表す

例えば「a*bc」という正規表現は、「*」の直前の「a」が0回以上繰り返されるという意味になり、「"bc"」「"abc"」「"aaaaaaaaaaaaaaaaaaaaabc"」といった文字列にマッチします。「a?bc」は「"bc"」「"abc"」などにマッチし、「a+bc」にマッチするのは、

「"abc"」「"aaaaabc"」などになります。

これらの特殊な意味を持つ文字を「メタ文字」と呼びます。

「a*bc」は「a」が0回以上という意味になりますが、明確に回数の幅を指定したい場合もあります。

例えば「aが2回〜10回」を指定するには、「?」を使って「aaa?a?a?a?a?a?a?a?bc」と表現することは可能です。しかし、この方法はわかりにくいので、繰り返しの数を指定するのに「{n,m}」という表現を利用できます。「a{2,10}bc」とすると、「直前のaを2回〜10回繰り返す」というパターンを、繰り返し回数の数値で直接表現できます。

複数の文字からいずれかにマッチさせたい場合は、「|」で区切って複数の文字を並べます。「a|b」とすれば、「"a"」あるいは「"b"」のどちらかにマッチします。

また、どのような文字でもよい場合は「.」で表します。

アルファベットのどれかをマッチさせようとする場合、「a|b|c|d|e|f|g|h|i|j|k|l|m|n|o|p|q|r|s|t|u|v|w|x|y|z」と、すべて並べる方法もありますが、「文字クラス」を利用すれば、「[a-z]」のように記述できます。大文字のアルファベットや数字も同様に「[A-Z]」や「[0-9]」と書けます。

文字クラスの中には、複数の文字クラスを同時に記述できます。アルファベットと数字を表すには「[a-zA-Z0-9]」のように書きます。

また、文字クラスに対して「*」や「+」も使えるので、数字だけの1文字以上の長さの文字列にマッチさせる正規表現は「[0-9]+」と書けます。

1文字だけでなく文字列を繰り返しの対象にする場合は、「( )」で囲みます。例えば「( )」なしで「abc*」とすると、「cを0回以上繰り返す」という意味になってしまいます。「"abc"」という文字列を繰り返したいなら、「(abc)*」とします。

また、文字列を選択する場合にも「( )」で囲んだ中でそれぞれの文字列を「|」で区切ります。「"abc"」あるいは「"def"」のどちらかを選択する場合は「(abc|def)」となります。

7-3-2　正規表現で文字列を検索しよう

reモジュールを使って文字列の検索をしてみましょう。このモジュールには「search」関数があります。search関数は、第一引数に指定された正規表現を、第二引数の文字列から検索します。

```
>>> import re
>>> re.search(r'abc', 'def')
>>> re.search(r'abc', 'abc')
<_sre.SRE_Match object; span=(0, 3), match='abc'>
```

第一引数の正規表現にマッチする内容が第二引数内に存在する場合、search関数はMatchオブジェクトを返します。マッチする結果が存在しなかった場合、返り値はNoneとなります。

正規表現では「*」や「+」などの文字がメタ文字として特殊な意味を持っていますが、「*」や「+」自体を単純な文字として扱いたい場面もあります。

そのような場合は「*」や「+」の直前に「\」を付けてエスケープします。例えば「**」という正規表現は、「"*"」や「******」などの文字列にマッチします。

Pythonの文字列では、「\」自体がエスケープの意味を持っています。そのまま文字列で正規表現のエスケープを記述すると、「"**"」というように、文字列と正規表現の2回分のエスケープが必要となります。

このような手間を省くため、「raw文字列」というリテラルが用意されています。文字列の「"」や「'」の前に「r」を付けておくと、その文字列内ではエスケープを展開しません。raw文字列を利用すると、「r"**"」のように正規表現でのエスケープの分の「\」を書くだけで済みます。正規表現を利用する場合は常にraw文字列を利用するようにしましょう。

7-3-3　検索結果の内容を利用する

search関数が返すMatchオブジェクトは、さまざまな情報を持っています。例えば「span」メソッドで、その正規表現にマッチした範囲を取得できます。

```
>>> s = 'defghijaaaaaaaaaaaaaaaaaaaaaaaabc'
>>> m = re.search(r'a+bc', s)
>>> m
<_sre.SRE_Match object; span=(7, 34), match='aaaaaaaaaaaaaaaaaaaaaaaaabc'>
>>> m.span()
(7, 34)
>>> s[m.span()[0]:m.span()[1]]
'aaaaaaaaaaaaaaaaaaaaaaaaabc'
```

spanメソッドで得られる範囲で元の文字列をスライスして、マッチした文字列を取り出しています。

また、正規表現でマッチした文字列全体だけでなく、正規表現中の一部の文字列だけ取り出すこともできます。そのためには、正規表現の中で取り出したい文字列を「( )」で囲んでおきます。

電話番号の市外局番を取り出す正規表現を書いてみましょう。電話番号は、「国内プレフィックス 市外局番-市内局番-加入者番号」という構成の数字列で成り立っています。ここでは単純化するために、国内プレフィックスは「0」に固定、市外局番は1桁から4桁、市内局番も1桁から4桁、加入者番号は4桁としますが、そのようなパターンを表す正規表現は「0\d{1,4}-\d{1,4}-\d{4}」となります。市外局番などの部分を抜き出すには、「0\(d{1,4})-\(d{1,4})-\(d{4})」のように、角部分を「( )」で囲みます。

```
>>> re.search(r'0\d{1,4}-\d{1,4}-\d{4}', '06-6012-3456')
<_sre.SRE_Match object; span=(0, 12), match='06-6012-3456'>
>>> m = re.search(r'0\d{1,4}-\d{1,4}-\d{4}', '06-6012-3456')
>>> m.groups()
()
>>> re.search(r'0(\d{1,4})-(\d{1,4})-(\d{4})', '06-6012-3456')
<_sre.SRE_Match object; span=(0, 12), match='06-6012-3456'>
>>> m = re.search(r'0(\d{1,4})-(\d{1,4})-(\d{4})', '06-6012-3456')
>>> m.groups()
('6', '6012', '3456')
```

「( )」で囲んだ部分は、Matchオブジェクトの「groups」メソッドで取得できます。groupメソッドが返すタプルの中に、「( )」を指定した順番でマッチした内容が入っています。「( )」が多くなってくると、どの部分にマッチした内容がgroupsの何番目に対応するのかわかりにくくなります。

Pythonの正規表現では、グループに名前が付けられるように拡張されています。「( )」で囲む代わりに「(?P<name>」と「)」で囲むと、グループに名前を付けられます。「name」の部分は自由に名前を付けられます。この名前付きのグループを取得するには、Matchオブジェクトでgroupメソッドの代わりに「groupdict」メソッドを使います。

先ほどの例を、名前付きグループを使って変更してみましょう。市外局番に「area」、市内局番に「local」、加入者番号に「subscriber」と名前を付けることにします。このようにグループに名前を付けた正規表現は「0\(?P<area>\d{1,4})-(?P<local>\d{1,4})-(?P<subscriber>\d{4})」となります。

```
>>> m = re.search(r'0(?P<area>\d{1,4})-(?P<local>\d{1,4})-↵
(?P<subscriber>\d{4})', '06-6012-3456')
```

```
>>> m.groups()
('6', '6012', '3456')
>>> m.groupdict()
{'local': '6012', 'area': '6', 'subscriber': '3456'}
```

groupdictメソッドの結果は、グループの名前をキーとした辞書になります。この辞書から、それぞれのグループにマッチした内容を取り出せます。

7-3-4　正規表現で文字列を変換しよう

正規表現を使ってマッチした場所を別の文字列に置換できます。置換する際には、マッチした内容を利用できます。例えば先ほどの電話番号の例であれば、ハイフンで区切った電話番号をハイフンなしの文字列に置換できます。

reモジュールの「sub」関数で正規表現で文字列の置換を行います。第一引数が正規表現、第二引数が置換方法、第三引数が対象の文字列です。

```
>>> re.sub(r'0(\d{1,4})-(\d{1,4})-(\d{4})', r'\1\2\3', '06-6012-3456')
'660123456'
>>> re.sub(r'0(\d{1,4})-(\d{1,4})-(\d{4})', r'0\1\2\3', '06-6012-3456')
'0660123456'
```

置換方法には、置換後の文字列を指定できます。置換後の文字列には「\1」などを使って正規表現でのグループを利用できます。

また、名前付きのグループの場合は「\g<name>」のように記述します。

```
>>> re.sub(r'0(?P<area>\d{1,4})-(?P<local>\d{1,4})-(?P<subscriber>\
d{4})', r'0\g<area>\g<local>\g<subscriber>', '06-6012-3456')
'0660123456'
```

置換方法は文字列以外にも関数を指定できます。関数を使う場合は、引数にMatchオブジェクトが渡されます。グループごとの文字列長と同じ数の「"*"」文字で電話番号を隠すようにしてみましょう。

```
>>> def replace_phone_number(m):
...     d = m.groupdict()
...     return "0" + "*" * len(d["area"]) + "-" + "*" * 
len(d["local"]) + "-" + "*" * len(d["subscriber"])
...
>>> re.sub(r'0(?P<area>\d{1,4})-(?P<local>\d{1,4})-(?P<subscriber>\
d{4})', replace_phone_number, '06-6012-3456')
'0*-****-****'
```

文字列での置換方法と異なり、関数の中であれば、len関数などを利用できます。複雑な置換をする場合は関数を利用しましょう。

7-4 日付と時刻

日付や時刻なども、多くのアプリケーションで利用される情報です。Pythonは「datetime」モジュールで日付時刻を取り扱います。

7-4-1　時刻と時間の違い

時刻と時間は異なるものです。「時刻」とはある瞬間を表す値で、「時間」とは時刻と時刻の間の差を表す値です。

日付には「date」、時刻には「time」を使います。また、日付・時刻を合わせて利用するときには「datetime」を使います。時間を使う場合は、「timedelta」を利用します。

それぞれ、時分秒や年月日を引数に指定して、オブジェクトを作成します。

```
>>> from datetime import date, time, datetime, timedelta
>>> date(2015, 1, 1)
datetime.date(2015, 1, 1)
>>> time(23, 11, 55)
datetime.time(23, 11, 55)
>>> datetime(2015, 1, 1, 23, 11, 55)
```

```
datetime.datetime(2015, 1, 1, 23, 11, 55)
>>> timedelta(seconds=1200)
datetime.timedelta(0, 1200)
```

「datetimeモジュールのdatetimeクラス」というように、名前が同じなので、利用するときには注意しましょう。

また、今日の日付や現在時刻を、「today」メソッド、「now」メソッドで取得できます。

```
>>> date.today()
datetime.date(2015, 8, 21)
>>> datetime.today()
datetime.datetime(2015, 8, 21, 3, 21, 44, 296528)
>>> datetime.now()
datetime.datetime(2015, 8, 21, 3, 21, 47, 202768)
```

datetimeでは、nowとtodayの両方を利用できますが、結果は同じです。

7-4-2　時間の計算

前項では時刻と時刻の差が時間と説明しました。Pythonでは、datetime同士の計算ができます。

ある時刻のdatetimeから、別のある時刻のdatetimeを引き算すると、計算結果はそれらの間の時間のtimedeltaとなります。また、datetimeとtimedeltaの足し算で、ある時刻から一定時間経過後の時刻を計算できます。

```
>>> d = datetime.now() - datetime(2015, 1, 1)
>>> print(d)
231 days, 21:11:59.125988
>>> datetime(2015, 1, 1) + timedelta(days=23, hours=3)
datetime.datetime(2015, 1, 24, 3, 0)
```

datetimeの値を2倍にするといった計算はできませんが、timedeltaを2倍にする計算は可能です。

7-4-3 ローカルタイムとグローバルタイム

時刻は地球上のどこにいるかで変わります。これを「ローカルタイム」と呼びます。nowメソッドで取得できる時刻は、ローカルタイムです。

ローカルタイムは、「協定世界時（UTC）」という基準の時刻からの時間差で決められています。例えば日本のローカルタイムである日本標準時（JST）は、UTCから9時間進んだ時刻となっています。

ローカルタイムが違う地域間でのやり取りでは、UTCを利用します。Pythonでは「utcnow」でUTCの時刻を取得できます。

```
>>> datetime.now(), datetime.utcnow()
(datetime.datetime(2015, 8, 21, 6, 23, 33, 376944), datetime.
datetime(2015, 8, 20, 21, 23, 33, 376944))
```

nowとutcnowを同時に実行すると、9時間差のある時刻を取得できます。

7-4-4 タイムゾーン付きのdatetime

UTCやJSTなどの時刻の基準は、地域で決まっています。これらの時刻の基準を「タイムゾーン」と呼びます。異なるタイムゾーンで時刻を取り扱う場合、タイムゾーン間での時刻変換が必要です。Pythonのdatetimeには、タイムゾーンを追加することができます。

```
>>> from datetime import timezone
>>> JST = timezone(timedelta(hours=9), 'Japan')
>>> JST
datetime.timezone(datetime.timedelta(0, 32400), 'Japan')
>>> datetime.now()
datetime.datetime(2015, 8, 20, 21, 9, 40, 652126)
>>> datetime.now(tz=JST)
datetime.datetime(2015, 8, 20, 21, 9, 41, 339683, tzinfo=datetime.
timezone(datetime.timedelta(0, 32400), 'Japan'))
```

JSTを表すタイムゾーンを「timezone」関数で作成します。第一引数にUTCから

のオフセット時間、第二引数にタイムゾーンの名前を指定します。now関数の引数にタイムゾーンを指定すると、そのタイムゾーンでの時刻を取得できます。また、取得したdatetimeオブジェクトはタイムゾーン付きのものになります。

　タイムゾーン付きのdatetimeは、「astimezone」メソッドを使って別のタイムゾーンの時刻に変換できます。

```
>>> datetime.now(timezone.utc), datetime.now(timezone.utc).
astimezone(JST)
(datetime.datetime(2015, 8, 20, 21, 41, 48, 548126, tzinfo=datetime.
timezone.utc), datetime.datetime(2015, 8, 21, 6, 41,
 48, 548126, tzinfo=datetime.timezone(datetime.timedelta(0, 32400),
'Japan')))
```

　UTCタイムゾーンで現在時刻を取得した結果と、さらにJSTタイムゾーンに変換した結果を表示しています。タイムゾーンの内容がそれぞれUTCとJSTになっていることと、時刻に9時間の差があることが確認できます。

7-4-5　日時の文字列表現

　アプリケーションでは、日時を文字列で表現したり、文字列で入力された日付をdatetimeなどに変換したりしたいことがあります。datetimeやdateは、「strftime」メソッドでフォーマットを指定した文字列に変換できます。また「strptime」を使うと、フォーマットに従った文字列からdatetimeオブジェクトなどに変換できます。

```
>>> datetime.strptime('2015-01-01', '%Y-%m-%d')
datetime.datetime(2015, 1, 1, 0, 0)
>>> d = datetime(2015, 1, 1)
>>> d.strftime('%Y-%m-%d')
'2015-01-01'
```

　strptimeは、第一引数の文字列を第二引数のフォーマットを利用してdatetimeに変換します。strftimeは逆に、指定のフォーマットでdatetimeを文字列に変換します。

　strftimeやstrptimeで利用できるフォーマット文字列では、**表7.1**のようなプレースホルダを利用できます。

表7.1 日時フォーマットのプレースホルダ

プレースホルダ	内容
%Y	年
%m	月
%d	日
%H	時
%M	分
%s	秒
%z	タイムゾーンのオフセット
%Z	タイムゾーンの名前

また、このプレースホルダはstrftimeの他、formatメソッドでも利用できます。

```
>>> " 今日は {d:%Y-%m-%d} です。".format(d=datetime.now())
' 今日は 2015-08-22 です。'
```

確認テスト

Q1　TODOリストの内容を検索する

5時間目の確認テストで作成したTODOリストに、検索機能を追加しましょう。Todolistクラスを継承してsearchメソッドを追加します。searchメソッドは文字列を受け取り、その文字列を含む内容を持つTodoオブジェクトのリストを返すようにします。以下のように動作することを確認してください。

```
>>> tl1 = SearchableTodolist()
>>> tl1.add(" やること ")
>>> tl1.add(" さらにやること ")
>>> tl1.search(" やること ")
[Task(contents= やること ), Task(contents= さらにやること )]
>>> tl1.search(" さらに ")
[Task(contents= さらにやること )]
```

8時間目 例外処理とログ

意図したとおりの理想の世界であれば、書いたプログラムは問題なく動作することでしょう。しかし、現実にはさまざまな状況で理想から外れていくことになります。とはいえ、理想から外れたとしても、理想どおりの状況ではないので問題があって動きません、という言い訳は通りません。理想どおりでない状況を扱うための例外処理と、状況について後から参照するためのロギングについて学んでいきましょう。

今回のゴール

- 例外処理について理解する
- 適切な例外処理を行える
- 重要度に応じたロギングを行える

》 8-1 例外処理

存在している前提だったのに存在しないファイルを開こうとした、0除算が発生した、ネットワーク接続が切断された、といったようにプログラムの実行中にはさまざまなエラーが発生します。このようなエラー処理を、Pythonでは「例外処理」として、通常のプログラムの流れから分離できるようになっています。何事もなくうまく動作する条件から外れることを「例外」と呼びます。

8-1-1 例外処理の基本

例外が発生した場合は、その例外を捕捉して何らかの復旧処理を行います。例外を捕捉するには、以下のように「try 〜 catch 〜 finally」の構文を使います。

```
>>> try:
...     a = 1 / 0
```

```
... except ZeroDivisionError as e:
...     print(e)
division by zero
```

tryブロック内で発生した例外は、その直後の「except」ブロックで捕捉されます。exceptブロックでは、どの例外を扱うのかを指定します。この例では、「ZeroDivisionError」でゼロ除算エラーを捕捉するようにしています。

また、「as」を使って、例外の情報をオブジェクトに「e」という名前を割り当てて取得しています。ここでは、エラー処理として単に例外オブジェクトの内容を表示しています。

8-1-2　例外を発生させる

例外はどこからやってくるのでしょう。例外は勝手に現れるものではありません。例えば先ほどの例外は「1 / 0」から発生しています。Pythonの数値を除算する機能が、0（ゼロ）で除算しようとしていることを知ってZeroDivisionErrorを発生させているのです。

同様に、自分で書いたプログラムでも必要に応じて例外を発生させなければなりません。つまり、通常のプログラムの流れで処理できないことが想定される場合には、自分で例外を発生させて例外処理をできるようにする必要があります。さもないと、強制的にプログラムが異常終了してしまったり、正しくない状態のまま間違ったデータを生成し続けたりと、困ったことになるでしょう。

自分で例外を発生させるには、以下のように「raise」文を使います。

```
>>> def must_zero(v):
...     if v != 0:
...         raise ValueError(v)
```

must_zero関数は、引数vが0以外で呼び出された場合にValueError例外を発生させます。発生させる例外には、引数vの値を渡しています。

この関数から発生する例外を確認してみましょう。例外オブジェクトや例外オブジェクトの引数を以下のように確認できます。

```
>>> try:
...     must_zero(1)
```

```
... except ValueError as e:
...     print(e)
...     print(e.args)
...
1
(1,)
```

ValueErrorに渡した値が例外処理で利用できます。このように例外を発生させる場合は、原因となった情報を渡すと、例外処理をスムーズに行えます。

8-1-3　finallyでエラーが発生しても処理を実行させる

　例外が発生してもしなくても同じ処理を確実に実行したい場合があります。例えばファイルを開いてから処理を行う場合は、途中での例外の発生の有無にかかわらずファイルを閉じるという処理は確実に実行しなければなりません。

　そのような場合にはtryブロックの後に「finally」ブロックを追加します。finallyブロックは、tryブロック中で例外が発生したか否かに関係なく、以下のように必ず実行されます。

```
>>> try:
...     must_zero(0)
... finally:
...     print("finally")
...
finally
>>> try:
...     must_zero(1)
... finally:
...     print("finally")
...
finally
```

```
Traceback (most recent call last):
  File "<stdin>", line 2, in <module>
  File "<stdin>", line 3, in must_zero
ValueError: 1
```

例外が発生する場合、しない場合のそれぞれで、finallyブロック内の「print ('finally')」が実行されています。

8-1-4　組み込みの例外

　Pythonには言語組み込みの例外が多く用意されています。標準ライブラリでエラーとなる場合はこれらの例外が発生しますが、自分で書いたプログラム内で例外を発生させる場合にも利用できます。

- AttributeError
- EOFError
- ImportError
- IndexError
- KeyError
- UnicodeEncodeError
- UnicodeDecodeError
- ValueError

8-1-5　例外を定義する

　Pythonの言語組み込み例外を利用するのではなく、アプリケーション特有の例外を作りたい場合は、**リスト8.1**のようにExceptionクラスを継承してカスタムの例外クラスを作ります。

リスト8.1 bankaccount.py

```python
class NotEnoughFunds(Exception):
    """ 口座残高が不足している場合に発生する例外 """
    ...
```

　カスタムの例外クラスを作成する場合、ほとんどは単に継承するだけで済みます。
　少し大きめのライブラリやアプリケーションの場合、ライブラリやアプリケーションの基底例外クラス（ベースとなる例外クラス）を作成して、基底例外クラスを継承した個々の例外クラスを作ってもよいでしょう。exceptで捕捉するために設定する例外は、親クラスでも可能です。**リスト8.2**を見てみましょう。

リスト8.2 `error_logs01.py`:

```python
class EggApplicationError(Exception):
    """Egg アプリケーションの基底例外 """


class TooBakedEggError(EggApplicationError):
    """Egg を焼きすぎた場合に発生する例外 """


try:
    raise TooBakedEggError("1 Hour!")
except EggApplicationError as e:
  print(e)
  raise e
```

　リスト8.2では例外を発生させてすぐに捕捉しているのであまりメリットを感じられませんが、共通の復旧処理やロギング処理をするために親クラスで例外を捕捉して処理を行い、再度捕捉した例外を送出するといったこともできるのです。

　例外を捕捉して送出し直す際には、特に必要のない限り新しい例外を生成し直さないようにしましょう。**10時間目**で例外が発生した際にどのようにプログラムを見ていくかについて詳しく学びますが、例外オブジェクトを生成したところまでプログラムをたどれるようになっています。つまり、例外を捕捉して新しい例外オブジェクトを生成・送出してしまうと、最初に例外が発生した箇所が不明になってしまうのです。不用意に新しい例外オブジェクトに取り替えてしまわないようにしましょう。

◆**エラーを隠蔽しない**

　エラーが発生した際には、エラーを精査して対処するようにしましょう。想定しない例外が発生すると、プログラムを中断してエラーが発生したことを利用者に通知することになるかもしれません。ユーザは作業がうまく行えず、苦情がくることでしょう。しかし、プログラムが止まってしまうのを避けようと、エラーを隠蔽してしまう以下のようなプログラムは最悪です。

```python
try:
  add_data(to_be_added)
except Exception as e:
```

```
pass
```

データ登録を行うようなプログラムでExceptionを捕捉して握りつぶしています（ExceptionはValueError等の親クラスで、さまざまな例外を捕捉できます）。この後プログラムはあたかもデータが登録されたかのように進んでしまいます。

エラーが発生しているにもかかわらず何もなかったかのようにシステムが振る舞ってしまったら、ユーザは問題に気づかず、システムに処理を行わせたと感じてしまうことでしょう。エラーをユーザに通知していれば、すぐに問題が発覚してシステムの状態を戻せたかもしれないのです。注意深いユーザは、エラーを通知しなくても何かおかしなことに気づくかもしれません。しかし、おかしいことはわかってもシステムの管理者に正しく状況を伝えられません。「何かおかしいんだけど？」と漠然とした問題を伝えられたシステム管理者がなんとかして問題の原因を突き止めたとき、エラーが隠蔽されていることを知ったら、あなたはひどく非難されることになります。

8-2 ログ

プログラムには出力が2種類あります。1つはプログラムの主目的と考えられる処理自体の結果出力です。もう1つはログ出力です。

「ログ出力」は、プログラムの状態や状況を報告するためのものです。例えば、プログラムが何時何分に起動して終了するまでにどれだけの時間がかかったかを、ログとして出力します。また、プログラム起動時に設定ファイルが見つからなかったので設定は既定値を利用した、といったこともログとして出力するとよいでしょう。もちろん、エラーが発生した際にはエラーログを出力します。

8-2-1　ログを出力する理由

「ログに何か出てない？」あなたがプログラムが正しく動作していないように感じたとき、先輩に意見を聞くと必ず返される言葉です。

ログは動作しているプログラムの状態を出力しているものです。平時は動作していること自体や仕事の進捗状態を淡々と記録したもので、最初はなぜ有用なのかわからないかもしれません。しかし、運用に入ったプログラムの動作に問題が発生するということを一度でも経験すれば、ログ出力をするようにしておいてよかった、と心から思うことでしょう。その後は単に動作していることがわかるログにも安心感を持てることでしょう。

何も出力をしなくなってしまったプログラムがあるとします。プログラムが止まってしまっているのか、大量の処理対象をこなし続けているのか、処理対象を見つけられない状態になってしまっているのか、正しくログを出力していないとどうしてよいのか判断がつきません。大量の処理をこなし続けているのか、プログラムが暴走して止まってしまっているのかの区別がつかなければ、プログラムを強制終了すべきかどうかの判断がつきません。動いていないと思えるくらい処理に時間のかかるプログラムを誤って止めてしまうかもしれないからです。プログラムを止めても、処理が重いのか、止まってしまっていたのかがわからないため、結局もう一度実行する意外に調べる手段がありません。

プログラムがどのように動作しているのか、その状況をログに出力していくことで、プログラムが今どの状態にあるか、問題が起きたときにどのような状態だったかを把握できます。

8-2-2　ログを出力してみよう

Pythonの標準ライブラリには、ログ出力用のモジュールがあります。「logging」モジュールは、シンプルながら柔軟なログモジュールです。loggingモジュールは、ログレベルによる出力の振り分けや、出力先の変更、ログメッセージのフォーマット（出力の整形）をサポートしています。

loggingモジュールを使って以下のようにログ出力を試してみましょう。

```
>>> import logging
>>> logger = logging.getLogger('mylogger')
>>> logger.fatal('this is fatal log')
CRITICAL:mylogger:this is fatal log
```

loggingモジュールの「getLogger」関数を使って、「mylogger」という名前のロガーオブジェクトを生成しています。Pythonのプログラムは、標準ライブラリや外部のライブラリ、あなたの作成するプログラムなど、ログ出力を行う方法や目的の異なるものが混在しています。名前を付けているのは、この名前ごとに出力したいログレベルやログ出力の方法を切り替えられるようにするためです。

8-2-3　ログレベル

ログはデバッグ（プログラムの不具合を確認・修正すること。詳しくは**10時間目**で学びます）を行うために利用したり、プログラムの要所要所で正常に動作しているこ

とを出力したり、エラーが起きた際にエラーの内容を出力したりと、さまざまな用途に利用します。用途に応じて「ログレベル」というものがあります。開発中にプログラムに仕込んでおいた詳細なログ出力のコードを、本番環境にリリースする前に、問題のある場合に出力されるログ出力のみに整理し直す、なんてことはしたくありませんよね。

　loggingモジュールのログ出力は、関数ごとにログのレベルが決まっており、重要度の低いものから高いものまで、複数の関数が定義されています（**表8.1**）。ロガーオブジェクトはどのレベル以上のログを実際に出力するかを設定できるようになっており、開発中は重要度の低いDEBUG以上、本番運用中はWARNING以上といった設定が可能です。ロガーオブジェクトは、設定されたログレベル以上のログ出力関数が呼び出された場合のみ、実際に出力を行います。

表8.1 ログレベル

ログレベル	value	対応するメソッド
CRITICAL	50	cricical、fatal
ERROR	40	error、exception
WARNING	30	warning
INFO	20	info
DEBUG	10	debug
NOTSET	0	

　ロガーオブジェクトのログレベル初期値はWARNINGです。先ほど生成したロガーオブジェクトはレベルを設定していないので、infoメソッドを呼び出しても何も出力されません。

　ロガーオブジェクトの生成時に名前を付けたことを覚えていますか？ ログレベルの設定はロガーオブジェクトごとに別のレベルに設定できます。そのため、開発中ではDEBUGレベルで出力したいけれども、利用しているライブラリや標準ライブラリのログレベルはERROR以上のみを出力するようにして抑制したい、といった制御が可能です。

　以下の実行例は、spam関数内で「logger1」という名前のロガーオブジェクトを通じて、warningによる出力を行うプログラムです。spam関数の外側で同名のロガーオブジェクトを取り出し、ログレベルをERRORに設定し直してからspam関数を呼び出すと、spam関数内のlogger1で取り出したロガーオブジェクトのwarningは、ログ出力をしなくなります。「logging.getLogger」に渡しているロガーオブジェクトの名前は、プログラムが稼働しているPythonインタプリタ上で同じものを取り出せます。

```
>>> import logging
>>> def spam(egg):
...     logger = logging.getLogger('logger1')
...     logger.warning('egg is %s', egg)
...
>>> spam(1)
egg is 1
>>> logger1 = logging.getLogger('logger1')
>>> logger1.setLevel(logging.ERROR)
>>> spam(2)
>>>
```

　spam関数の中で取り出されている「logger1」というロガーオブジェクトと、その後に取り出されている「logger1」というロガーオブジェクトは、同じロガーを指しています。最初にspam関数を呼び出した時点では、初期状態のWARNINGレベルがロガーオブジェクトに設定されているためにログ出力されますが、その後ロガーオブジェクトのログレベルをERRORに設定したため、再度spam関数を呼び出した際にはログが出力されなくなりました。

　利用しているライブラリや標準ライブラリで利用しているロガーオブジェクトの名前がわかれば、あなたが開発しているプログラム側でログレベルを制御できます。ライブラリ開発時にはロガーの名前を明らかにすることが推奨されています。

8-2-4　ハンドラーとログフォーマット

　ロガーはログレベルのほかにハンドラーとログフォーマットで構成されます。
　ハンドラーはログの出力先を決め、ログフォーマットでログメッセージの出力内容を決定します。
　より詳細な情報をファイルに出力するハンドラーを設定してみましょう。

```
>>> import logging
>>> logger = logging.getLogger('file-logger')
>>> handler = logging.FileHandler(filename='my.log')
>>> fmt = logging.Formatter('%(asctime)s %(levelname)-5.5s ↵
```

```
[%(name)s][%(threadName)s] %(message)s')
>>> handler.setFormatter(fmt)
>>> logger.addHandler(handler)
>>> logger.warning('ウォーニングのログです')
```

my.logというファイルに以下のように書き出されます。

```
2015-08-06 00:28:28,804 WARNI [file-logger][MainThread] ↵
ウォーニングのログです
```

loggingモジュールとlogging.handlersモジュールに便利なハンドラーがあらかじめ用意されています。標準出力などにログ出力するStreamHandlerやファイルに出力するFileHandlerの他にも、logging.handlersモジュールには、メールやHTTPに出力するハンドラーなど、いろいろなハンドラーがあります（**表8.2**）。

表8.2 主な標準ライブラリのハンドラー

モジュール	ハンドラー	用途
logging	StreamHandler	標準出力のようなファイルライクオブジェクトに書き出すハンドラー
logging	FileHandler	ファイルにログを書き出すハンドラー
logging	NullHandler	何もしないハンドラー
logging.handlers	MemoryHandler	メモリにログを蓄積し、決まった量に達すると設定されたターゲットに書き出すハンドラー
logging.handlers	HTTPHandler	HTTPプロトコルでログを書き出すハンドラー
logging.handlers	SysLogHandler	Unixのsyslogに書き出すハンドラー
logging.handlers	NTEventLogHandler	Windowsのイベントログに書き出すハンドラー
logging.handlers	QueueHandler	multiprocessingやthreadからログ出力をキューイングするハンドラー
logging.handlers	SocketHandler	ネットワークソケットにログを書き出すハンドラー
logging.handlers	DatagramHandler	UDPソケットにログを書き出すハンドラー
logging.handlers	SMTPHandler	SMTP（メール）にログを書き出すハンドラー
logging.handlers	RotatingFileHandler	複数のファイルをサイズ指定で交換しながらログ出力をするハンドラー
logging.handlers	TimedRotatingFileHandler	複数のファイルを時間間隔指定で交換しながらログ出力をするハンドラー

8-2-5　ログフォーマットの内容

先ほど登場した「logging.Formatter」を使うと、ログ出力の付随情報を制御できます。例ではログが記録された時間やログレベルなどを出力するようにカスタマイズしています。問題が起きたときに状況をたどる上で、ログが記録された時間があると簡単に発見できます。ロガーオブジェクトの名前やログレベルも、大量に出力されたログをOSのgrepコマンドなどでフィルタリングする際に使えます。実際にログ出力を行ったモジュールや関数、ソースコードの行数までも出力するできます（**表8.3**）。

表8.3 主なログフォーマット

フォーマット	内容
%(asctime)s	ログが生成された日時を出力する。datefmt引数で日時のフォーマットを制御できる
%(levelname)s	ログレベルを出力する
%(pathname)s	ログが出力されたソースコードファイルのフルパスを出力する
%(module)s	ログが出力されたモジュール名を出力する
%(funcName)s	ログが出力された関数名を出力する
%(message)s	ログのメッセージ本体を出力する

ただし、出力する内容が多くなるとログのサイズが大きくなること、また出力にはそれなりのシステム負荷が伴うことから、必要な内容を検討して設定するのがよいでしょう。筆者は、ログ出力が原因でプログラムの処理時間が100倍になってしまった経験があります。ログのレベルと出力内容はよく検討して、過不足のないログ設計を目指しましょう。

8-2-6　ロガーの親子関係

名前を指定して同じロガーを示せることは先に述べました。ロガーの名前には他にも便利な機能があり、例えばドットで名前を区切ることで、親子関係を持つことができます。

パッケージ構成になっているプログラムでは、logging.getLoggerをする際、名前をハードコードせずに「__name__」を利用すると、自動で名前が区切られてうまく親子関係を構成できます（**リスト8.3**〜**リスト8.5**）。個別のロガーには、この時点では何もしないNullHandlerを追加しておきます。

リスト8.3 python15h/errors_logs0201.py

```python
import logging


logger = logging.getLogger(__name__)
logger.addHandler(logging.NullHandler())


def warning(msg):
    logger.warning(msg)
```

リスト8.4 python15h/sub/errors_logs0202.py

```python
import logging


logger = logging.getLogger(__name__)
logger.addHandler(logging.NullHandler())


def warning(msg):
    logger.warning(msg)
```

リスト8.5 errors_logs02.py

```python
import logging
from python15h.errors_logs0201 import warning as warning1
from python15h.sub.errors_logs0202 import warning as warning2

if __name__ == '__main__':
    logging.basicConfig()
    warning1('message from python15h.errors_logs0201.warning')
    warning2('message from python15h.sub.errors_logs0202.warning')

    parent_logger = logging.getLogger('python15h')
    parent_logger.setLevel(logging.ERROR)
```

```
warning1('message from python15h.errors_logs0201.warning')
warning2('message from python15h.sub.errors_logs0202.warning')
```

リスト8.3の__name__は「python15h.errors_logs0201」という文字列になります。リスト8.4の__name__は同様に「python15h.sub.errors_logs0202」になります。リスト8.5でそれぞれのwarning関数を呼び出した際には、初期状態のログレベルWARNINGが設定されているものとしてログが出力されます。「python15h」というロガーオブジェクトを取り出してログレベルをERRORに設定をした後は、同様に関数を呼び出してもログが出力されません。ロガーオブジェクトに設定されていないものは親をたどっていくので、python15hという名前のロガーオブジェクトの設定が参照されるからです。

実はpython15hというロガーオブジェクトよりもさらに上位に「root」ロガーというものがあり、初期状態のWARNINGはそのrootロガーに設定されているものなのです。python15hというロガーオブジェクトが生成される前には、python15h.errors_logs0201の親ロガーはrootロガーなので、rootロガーのログレベルを設定した後でもpython15hロガーを生成してログレベルを設定すると、子のロガーはpython15hロガーに従うことになります。

8-2-7　basicConfig

rootロガーでログの設定がされていない場合、「basicConfig」が自動で呼び出されます。事前にbasicConfigを呼び出しておくと、rootロガーの設定を必要な部分だけ変更できます。

```
>>> import logging
>>> logging.basicConfig(level=logging.DEBUG)
>>> logger = logging.getLogger('test log')
>>> logger.debug('debug message')
DEBUG:test log:debug message
>>> logger.info('info message')
INFO:test log:debug message
>>> logger.warning('warning message')
WARNING:test log:warning message
>>> logger.error('error message')
```

```
ERROR:test log:error message
>>> logger.fatal('fatal message')
FATAL:test log:fatal message
```

loggingモジュールのログ出力関数にはrootロガーを利用します。また、logging.getLoggerを名前なしで呼び出した際に取り出されるロガーも、rootロガーです。

8-2-8　例外発生時にログ出力する

```
>>> account = BankAccount()
>>> try:
...     account.withdraw(100)
>>> except NotEnoughFundsException as e:
...     logger.exception(e)
```

例外をログに表示させるには、「exception」メソッドが便利です。exceptionメソッドは、渡された例外の情報やトレースバックをERRORレベルで表示します。トレースバックについては9時間目、10時間目で学びますので、ここではログ出力できることをとりあえず覚えておきましょう。

8-2-9　ロガーを設定ファイルから読み込む

ハンドラーやフォーマットなどの設定は、設定ファイルに記述してプログラムから読み込めるようになっています。設定ファイルの形式はiniファイルやjsonなどがサポートされています。

設定ファイルからログの設定を読み込むには、logging.configモジュールの「fileConfig」関数を用います（**リスト8.6**）。

リスト8.6 errors_logs03.py

```
import logging
import logging.config
from python15h.errors_logs0201 import warning as warning1
from python15h.sub.errors_logs0202 import warning as warning2
if __name__ == '__main__':
```

```
logging.config.fileConfig('logging.conf')
warning1('warning')
warning2('warning')
```

　読み込むlogging.confは**リスト8.7**のとおりです。logging.confは実行しているerrors_logs03.pyと同じ場所に置いてください。

リスト8.7 logging.conf

```
[loggers]
keys=root,logs0201,logs0202

[handlers]
keys=consoleSimpleHandler,consoleDetailHandler

[formatters]
keys=simpleFormatter,detailFormatter

[logger_root]
handlers=

[logger_logs0201]
level=INFO
handlers=consoleSimpleHandler
qualname=python15h.errors_logs0201

[logger_logs0202]
level=INFO
handlers=consoleDetailHandler
qualname=python15h.sub.errors_logs0202

[handler_consoleSimpleHandler]
class=StreamHandler
formatter=simpleFormatter
```

```
args=(sys.stdout,)

[handler_consoleDetailHandler]
class=StreamHandler
formatter=detailFormatter
args=(sys.stdout,)

[formatter_simpleFormatter]
format=%(asctime)s - %(levelname)s - %(name)s - %(message)s

[formatter_detailFormatter]
format=%(asctime)s - %(levelname)s - %(name)s - %(module)s - ↵
%(funcName)s - %(message)s
datefmt=%Y/%m/%d %H:%M:%S
```

　設定ファイル内に定義するロガーの名前を「[loggers]」に設定します。複数のロガーの名前はカンマ区切りで設定します。この「[loggers]」の名前は設定ファイル内の名前なので、適宜わかりやすいように名前を付けましょう。同様に「[handlers]」と「[formatters]」を記述しておきます。

　後は、定義したloggers、handlers、formattersをそれぞれ設定します。loggersの「keys」に設定した名前は「[logger_KEY]」という具合に設定していきます。実際のロガー名は「[logger_KEY]」のqualnameに設定します。

　errors_logs03.pyを実行すると、以下のように出力されます。

```
2015-08-07 15:02:59,890 - WARNING - python15h.errors_logs0201 - warning
2015/08/07 15:02:59 - WARNING - python15h.sub.errors_logs0202 - ↵
errors_logs0202 - warning - warning
```

◆ログの設定を変えやすいように設計する

　logging.config.fileConfigは、複数のファイルを指定できるようになっています。指定されたファイルがなくても、エラーにならず単に無視されます。同じロガーの設定があった場合には最後に指定されたものが優先されます。この3つの特性のおかげで、プログラムには一切手を加えずにログの設定を変更できます。プログラム側であらか

じめ複数のファイルパスから読み込むように定義しておき、利用者がいずれかのファイルパスに設定ファイルを置くことで、ログの設定ができるのです。

ユーザのホームディレクトリにlogging.confを置けば読み込まれるようにerrors_logs03.pyを書き換えると、**リスト8.8**のようになります。

リスト8.8 errors_logs04.py

```python
import os.path
import logging
import logging.config
from python15h.errors_logs0201 import warning as warning1
from python15h.sub.errors_logs0202 import warning as warning2

if __name__ == '__main__':
    logging.config.fileConfig(['logging.conf', 'logging2.conf',
                              os.path.join(os.path.expanduser('~'),
                                           'logging.conf')])
    warning1('warning')
    warning2('warning')
```

サンプルにはlogging2.confを用意しています。errors_logs04.pyを実行して、出力がどう異なるか、logging2.confがどう異なるかを確認してみましょう。また、ホームディレクトリにはlogging.confは置いていません。設定をいろいろ変えてみましょう。

確認テスト

Q1 例外とは何でしたか？ 独自の例外を定義して例外処理を書いてみましょう。

Q2 例外処理でログを出力してみましょう。

Q3 ログの設定をいろいろ変えてみましょう。1分ごとに差し替わるファイルに定期的にログを出力してみましょう。

Part 2
実践編

ソフトウェア開発とテスト

- **9時間目** ソフトウェアテスト —— 136
- **10時間目** デバッグ —— 176
- **11時間目** Webアプリケーション —— 198
- **12時間目** 動的ページ —— 224
- **13時間目** データの保存 —— 254
- **14時間目** Webアプリケーションの実践 —— 286
- **15時間目** Webアプリケーションのセキュリティ —— 308

9時間目 ソフトウェアテスト

9時間目はソフトウェアテストについて説明します。開発の現場では、テストは広範囲にわたるいろいろな場面で現れますが、本書ではプログラミングにかかわるテストを扱います。テストは実際の開発の中でかなりのウェイトを占めることもある、重要なものです。どのようなテストがあるのか、何をどの段階で利用すればよいのか考えながら読み進めてください。

今回のゴール

- ソフトウェアテストの重要性を理解する
- ソフトウェアテストの用語を知っている
- ソフトウェアテストの方法を理解する

9-1 ソフトウェアテストとは

9-1-1 なぜテストを行うのか

　開発を行ったものが正しく動くかはまだわかりません。筆者も未だに、自分の書いたプログラムがいきなり思ったとおりに動作するとはどうしても思えません。実際は動くことも多いのですが、やはりいつになっても不安なものです。
　学業においても、学んだことを誤って理解していないか確認するための定期テストや、入ってこようとする学生がいままできちんと学んできたか確認するための入学テストといったものがありました。ソフトウェアの「テスト」は、作ったものが期待どおりの動作をするか、必要な速度で動作するか等を確認するために行います。

9-1-2 機能テストと性能テスト

　ソフトウェアのテストは、よりよい品質を目指すためのものです。「品質」という言

葉には、要求通りに動作しているといったことの他にも、実際の利用に際して十分な速度で動作するか、継続して利用・メンテナンスするソフトウェアとして変更の容易さはあるか、など複数の側面があります。

要求どおりに動作しているかを確認するテストを「機能テスト」、十分な速度で動作するかを確認するテストを「性能テスト」と呼びます。

◆テストのフェーズ

テストは大まかに次の4つのフェーズに分かれています。

- **ユニットテスト（単体試験）**
  モジュール内の機能に関するテストを指します。個々の機能単位（単位＝unit）でテストするため、ユニットテストと呼ばれます。
- **インテグレーションテスト（結合試験）**
  複数の機能を組み合わせたテストを指します。ユニットテストした機能を複数組み合わせたときに協調して正しく相互に動作することをテストします。機能的なバグはこのフェーズで可能な限り発見して修正をしておくと、この後のフェーズがスムーズに進みます。
- **システムテスト**
  システム全体のテストを行います。システム全体のテストなので、機能開発が完了し、インテグレーションテストが完了した後に行います。システムテストのフェーズでは、性能に関するテストや使い勝手のテスト（ユーザビリティテスト）、セキュリティに関するテストを行うこともあります。システムテストを行っている間は修正したプログラムを試験環境に配備してはなりません。すべてのテストの完了後、必要な修正を加えたプログラムを配備してから、再度システムテストをやり直します。通らなかったテストだけでなく、システムテストのやり直しです。
- **アクセプタンステスト（受け入れ試験）**
  システムテストが完了した後に行います。アクセプタンステストは、顧客のような主にソフトウェアを必要としたユーザが、実際の用途に合わせてテストをします。ベータテストという手法をとることもあります。ソフトウェアが目的どおりに完成しているかの確認となることも多く、その場合はアクセプタンステストが通ることを検収（納品されたものが発注どおりか検査して受け取ること）とし、無事通れば納品完了となります。

◆テストの自動化

テストはプログラミングを用いて自動化できるものがあります。テストの自動化により、実際のテスト作業をコンピュータに任せられるため、何度も繰り返してテストを行えるようになります。

システムを継続して改良していると、変更によって新たな不具合が発生したりする

ことがあります。変更による新たな不具合が発生していないかを確認するテストを「リグレッションテスト（回帰テスト）」と呼びます。変更は予期せぬ場所に影響を与えることがあるため、自動化されたテストの存在はリグレッションテストに有効です。

また、性能テストの1つであるストレステストは、人間が行うと同時実行数に限りがあるため、コンピュータに並列でテストさせるとよいでしょう。

◆ホワイトボックステストとブラックボックステスト

テストを行う際に、ソフトウェアがどのような設計やソースコードの記述がどのようになっているかを意識せず、要求に従っているかを確認するテストを「ブラックボックステスト」と呼びます。

ブラックボックステストとは逆に、設計やソースコードの記述がどのようになっているかを知った上で確認するテストを「ホワイトボックステスト」と呼びます。

ホワイトボックステストとブラックボックステストを自動テストでどう扱うかについては、次節で見ていきます。

9-1-3　テストケースとは

機能に対する入力と対応する出力（結果）の定義の1つ1つを、「テストケース」と呼びます。これは取りうる入力とその予期される出力のマトリクスで表せます（**表9.1**）。

表9.1 入力と出力

パターン	1	2	3	4	5	6	7	8
引数1	True	False	True	True	False	False	True	False
引数2	True	True	False	True	False	True	False	False
引数3	True	True	True	False	True	False	False	False
結果	True	False	False	False	False	False	False	False

入力に対する動作のパターンを網羅することから、仕様が曖昧であることに気付くこともあります。仕様の確認時にパターンを想像できるようになると、仕様の確定も早くなるため、習熟しておくとよいでしょう。

テストパターンの策定後に仕様が変更になると、パターンが網羅されているためにテストの改修コストが大きくなります。

9-2 さまざまなテスト

9-2-1 代表値と境界値

　機能への入力と出力を中心に考え、プログラムの記述がどうなっているかは気にせずにテストを書いていくのが、ブラックボックステストの考え方です。
　パターンを網羅とはいっても取りうる値は無限大に近いのですが、どんな値を入力値として用いればよいのでしょうか。
　入力値は、「代表値」と「境界値」という考えに基づいた値を利用すれば、必要最低限で済ませられます（図9.1）。代表値は、有効な値のなかでよくあるであろう値のことです。プログラムのコンテキストで問題の起きやすい値があれば、それを用いるのがよいでしょう。コンテキストはソフトウェアが用いられる業務環境やネットワーク環境等さまざまですが、対象の業務に関しての開発経験を積めばわかってきます。
　有効な値が範囲によって意味が異なる場合に、意味ごとにまとめて考えることを「同値分割」と呼びます。例えば年齢の入力が整数であり、0が乳幼児、1から5を幼児、といった具合にシステムにとって意味がある場合は、1から5は同じ意味を表す「同値クラス」です。1から5のうち任意の数字、例えば3を代表値としてテストに用います。
　境界値は、入力で取りうる値の境目の値のことです。有効な値の端と無効な値の端の値です。つまり、上限（数値は数、文字列は文字列長）と上限より1単位大きい値、下限（数値は数、文字列は文字列長）と下限より1単位小さい値です。先の例の年齢で考えると、有効な値の下限は0、下限より1単位小さい値は-1といった具合です。
　例えば、保存領域のクォータを入力とした場合、それぞれのようになるでしょうか。要件で単位はGB、利用ストレージの想定サイズが10TBとなっている場合、有効な値の下限は1、上限は10000で、下限より1単位小さな値は0、上限より1単位大きい値は10001です。クォータの入力として0は無制限という要件の場合には、下限が0、下限より1単位小さな値は-1となります。
　また、代表値は100かもしれませんし、1000かもしれません。実際の要件から推測できる値を用いるとよいでしょう。もちろん、どちらでも問題はありません。

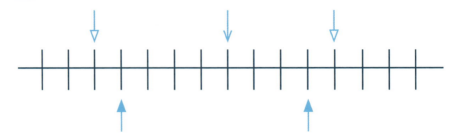

図9.1 境界値と代表値

↑ 境界値：エラーにならない（最小・最大）の値

↓ 境界値：エラーになる（最大・最小）の値

↓ 代表値：よくあると思われる値

　代表値と境界値以外にも考慮すべき値が存在することがあります。よく用いられる値には、次のようなものがあります。

- None
- 入力可能な数値の桁数を越えたもの
- 連携する外部システムの受け入れ可能な桁数を超えたもの
- 最大値より大きい値
- 最小値より小さい値
- 文字数の上限を越えたもの
- 数値の種類が違うもの（整数に対して小数部を含むもの等）
- 文字列の種類が違うもの（ユニコードとバイト列等）
- マイナス値
- 数値の型の違うもの
- 数字の先頭にゼロを付けた文字列
- 全角と半角の文字
- 前方・後方に半角スペースを付けた文字列
- 数字の先頭に＋を付けた文字列
- 「;」「¥」「\」「*」といった、プログラムのコンテキストによっては別の意味を持つ記号

9-2-2 カバレッジとは

ソフトウェアのテストには「カバレッジ」という考え方があります。「コードカバレッジ」とも呼びます。

コードカバレッジは、記述されたコード（プログラムのソースコード）のうち、どれだけのステートメント（命令）と分岐を通ったかを測定するものです。プログラムの記述がどうなっているかが関わってくるので、ホワイトボックステストの考え方です。

ただし、通常の運用では通りえない例外処理などに関して無理にカバレッジを上げることを目指すよりは、その時間でテストの種類を増やすほうが適切なこともあります。また、カバレッジが100％だからといって、完全なプログラムというわけではありません。コードの100％をカバーしても、コードに表せていないバグはカバーされないからです。

発生させるのが困難な特別な状況に関する例外処理に関しては、必ずしもテストをカバーさせる必要はありません。**リスト9.1**のような場合、通常通る可能性のある箇所（太字の部分）さえカバーできていれば十分なことも多いでしょう。

リスト9.1 現実的なカバレッジ

```
def imperfect_coverage(arg):
    if arg == 1:
        try:
            somefunc(arg)
        except DontHappenError as e:
            logger.error(e)
            raise ApplicationError(e)
        else:
            otherfunc(arg)
```

←発生させるのが困難で、通常発生しない例外に関する処理

Column テストパターンの爆発

入力が多岐にわたる場合、すべての境界値と代表値のマトリクスにしてしまうと、「組み合わせ爆発」と呼ばれる状況になり、テストパターンが膨大になってしまうことがあります。網羅性は失われてしまうもののテストパターンを削減する手法もありますので、テストパターンの爆発に出会って途方に暮れたら、目的に合うものを探してみましょう。

9-3 doctestとunittest

ここまで、ソフトウェアテストについて概念的に見てきました。ここからは実際にPythonでソフトウェアのテストを記述・実行する方法を見ていきましょう。

9-3-1 自動テスト支援ツール

ソフトウェアテストは多くの場合、「アサーションテスト」を行います。アサーションとは断言・主張という意味です。Python標準の命令に「assert」というものがあるので、以下のように試してみましょう。

```
>>> assert 1 == 0, '1は0じゃない'
Traceback (most recent call last):
  File "<stdin>", line 1, in <module>
AssertionError: 1は0じゃない
```

assert文は、続く式がTrue(真)であることを確認し、失敗した場合にはカンマの次の文字列をメッセージとしてAssertionErrorを送出します。

Column 場合によっては

筆者は、自分が使う手抜きツールでの入力チェックであれば、親切なエラー表示ではなく、assert文で済ませてしまうこともあります。もちろん、積極的にお勧めはしません。

単純にアサーションを行うだけでは、利用時に不正な値を与えるとプログラムは例外を発生させて終了してしまいます。これでは利用するユーザにとって不親切ですし、間違って入力で不正な動作をしてしまわないかをテストする際に、毎回手動でいろいろな入力をしなければならないことになります。これでは効率がよくありませんし、どの入力をテストしたのかわからなくなってしまいます。

テストを効率よく行うために、Pythonには「doctest」と「unittest」という自動テスト支援ツールが含まれています。

doctestは、「doc」と名前が付いていることから推測できるとおり、ドキュメント状のテスト支援ツールです。ドキュメンテーションを重視するPythonにぴったりの、特徴的なツールです。モジュールやクラス、関数やメソッドの、最初の、変数に割り当てられていない文字列が「ドキュメンテーション文字列」になりますが、そのドキュメンテーション文字列にPythonの対話コンソールセッションで実行したサンプルのようなものがあれば、それがdoctestです。「サンプルのような」というのがポイントで、主にモジュールやクラスなどドキュメンテーション対象の使い方・振る舞いを表現した内容をテストとして兼用できます。

ドキュメンテーション文字列はpydocコマンドや、対話コンソールセッションからはhelp関数で参照できるドキュメントなので、パターン網羅を目的としてあまりに長いdoctestを書くのには向いていません。アクセプタンステストやインテグレーションテストの一部として用いる程度であればよいでしょう。

doctestは**リスト9.2**のようにドキュメンテーションとして利用でき、かつドキュメンテーションが実装と一致しているかを確認できます。

リスト9.2 doctest01.py

```
def payout(money, price):
    """ 支払いをして残高を返します。

    手持ちの金額と支払い金額を数値で指定します。
    >>> payout(1000, 800)
    200
    >>> payout('1000 円 ', '1200 円 ')
    Traceback (most recent call last):
    ValueError: money と price は整数値で入力してください

    手持ちの金額が足りない場合は例外を発生します。
```

```
>>> payout(1000, 1200)
Traceback (most recent call last):
ValueError: 残額が足りません
"""
if type(money) is not int or type(price) is not int:
    raise ValueError('moneyとpriceは整数値で入力してください')
if money < price:
    raise ValueError(' 残額が足りません ')
return money - price
```

unittestは、「ユニットテスト（単体テスト）」と呼ばれるテスティングフレームワークの一種です。ユニットテストは「意味のあるユニット（単位）」に対して行うテストであり、自動テストの基礎となるもので、関数やメソッドなどあらゆるものを対象にテストを記述していきます。記述例は**リスト9.3**のようになります。

Pythonのunittestは、「xUnit」と呼ばれる系譜の1つです。覚えておくと他の言語のテスティングフレームワークも違和感なく扱えることが多いでしょう。

リスト9.3 unittest_sample.py

```
from unittest import TestCase

import assets

class test_payout(TestCase):
    def test_payout():
        wallet = assets.Wallet()
        wallet.money = 10000
        self.assertEqual(wallet.payout(500), 9500)
        self.assertEqual(wallet.money, 9500)

    def test_payout_money_short():
        wallet = assets.Wallet()
        wallet.money = 10000
```

self.assertRaises(ValueError, wallet.payout, 10001)

9-4 基本的なテスト

9-4-1　doctestを書いてみよう

　今まで見てきたように、doctestは通常はモジュール、関数、クラス、メソッドのドキュメンテーション文字列部分に書きます。対話コンソールセッション上で実行したそのままに近い書き方です（**図9.2**）。

図9.2 対話コンソールセッション

　「>>>」と「...」で表されるプログラム実行の行と、その直下の結果出力がdoctestとして認識されます。「>>>」か、空白以外は何もない行、のいずれかがテストの区切りです。

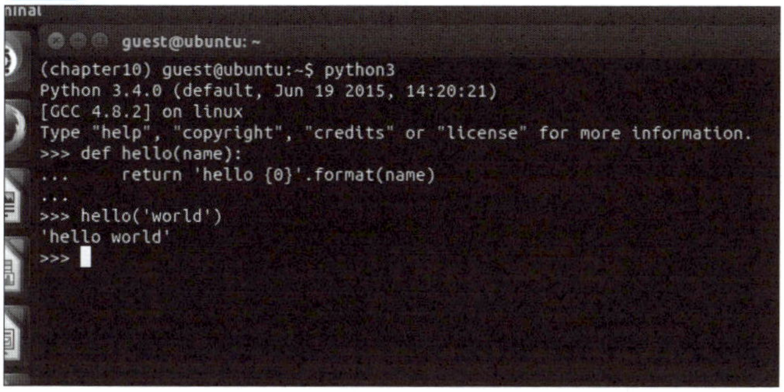

リスト9.4 doctest00.py

```
def hello(name):
    """ 入力の名前に挨拶文を返します
    >>> hello('Python')
    'hello Python!'
    >>> for i in range(3):
    ...     hello(i)
    'hello 0!'
```

```
    'hello 1!'
    'hello 2!'
    """
    return 'hello {0!}'.format(name)
```

9時間目のプロジェクトを開き、doctest00.pyを右クリックしてみましょう。「Run 'Doctests in doctest00'」という項目があるので選択します（**図9.3**）。

図9.3 Run 'Doctests in doctest00'

一瞬でテストは終わり、「Test Passed」というメッセージと「OK Test Results」という表示が画面下部の左側のペインに表示されます。画面下部右側の上部に「Done: 2 of 2」と表示され、2件のテストが無事に通ったことがわかります（**図9.4**）。

図9.4 Done: 2 of 2

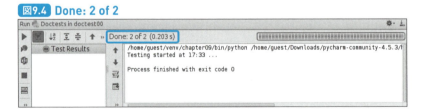

試しにテストコードの一部をいじって実行してみると、テストに失敗し、どこが失敗したかが表示されます（**図9.5**）。

図9.5 Done: 1 of 2 Failed: 1

◆空白行の扱い

空白以外は何もない行は、テストの区切りとして扱われてしまいます。**リスト9.5**のdoctestを実行すると、空白行までを出力結果として認識するdoctestと、空白行の先まで続く実際の出力に差異が発生し、失敗します。

リスト9.5 doctest02.py

```
import sys


def join_linebreak(words):
    """linebreak を単語の間に挟んで出力します
    >>> join_linebreak(['spam', '', 'egg'])
    spam

    egg
    """
    sys.stdout.write('\n'.join(words))
```

では、出力結果に空白行がある場合にはどのようにすればよいでしょうか。空白行だけの出力を表すには「<BLANKLINE>」を使います。**リスト9.6**のように空白行の部分に「<BLANKLINE>」を記述すればテストが通るようになります。

リスト9.6 doctest03.py

```
import sys


def join_linebreak(words):
    """linebreak を単語の間に挟んで出力します
```

```
>>> join_linebreak(['spam', '', 'egg'])
spam
<BLANKLINE>
egg
"""
    sys.stdout.write('\n'.join(words))
```

◆例外のテスト

　例外の出力にはトレースバックが含まれています。トレースバックとして、呼び出し元から実際に例外を送出した箇所までのコールスタックが出力されます。コールスタックに現れる中間の一部だけ何らかの変更があった場合にも、例外の出力は引きずられて変わってしまいます。

　例えば対話コンソールセッションからリスト9.2のdoctestの例を実行すると、payout関数に残高不足になる数値を渡したときに以下のような出力になります。

```
>>> payout(1000, 1200)
Traceback (most recent call last):
  File "<stdin>", line 1, in <module>
  File "doctest01.py", line 27, in payout
    raise ValueError(' 残額が足りません ')
ValueError: 残額が足りません
```

　この例ではトレースバックに続く行はわずかですが、それでもテスト自体とは関係のない内容が多く、また関数を記録しているファイル名や行数も含まれてしまっています。

　ソースコードやファイル構成に変更があるたびに、そのつどファイル名や行数を修正するのは本筋ではありません。例外の送出をテストする際には、対話コンソールセッションの出力そのままではなく、最初の行（「Traceback (most recent call last):」）と最後の行（「ValueError: 残額が足りません」）のみを記述します。

```
>>> payout(1000, 1200)
Traceback (most recent call last):
ValueError: 残額が足りません
```

トレースバックが発生したこと、例外の種類とメッセージのテストを簡潔に表せるようになっています。

◆Directives

空白行や例外の取り扱いの他にも、対話コンソールセッションの出力そのままに固執するのではなく、ドキュメンテーションとしての質を向上させる仕組みもあります。「Directives」という仕組みを用いてdoctestに振る舞いについての指示を行うことができます。Directivesは、doctestにPythonの1行コメントを用いて記述します。

```
# doctest: +DIRECTIVE, +DIRECTIVE, -DIRECTIVE
```

「DIRECTIVE」の箇所に、用意されているオプションを「+」または「-」を付けて指定します。複数指定する場合には、カンマ(「,」)で区切ります。

「+」はオプションをオン、「-」はオプションをオフにしますが、各オプションは無指定の場合にはオフなので、通常は「+」の指定を使います(「-」はdoctest起動時のオプションで全体に対してオンにした際に利用することがあるかもしれません)。

また、doctestは本来、モジュールや関数等のドキュメンテーション文字列に記述するものですが、ファイル全体をドキュメンテーション文字列と見なしてテキストファイルに記述することも可能です。ドキュメンテーションの補足として用いてもよいでしょう。後述するunittestでメリットが感じられないプロジェクトであれば、doctestのみをテストとして用いても十分なこともあります。

有用なDirectivesをいくつか見ていきましょう。

- **NORMALIZE_WHITESPACE**
  空白を厳密に扱わないように指示するオプションです。空白を多数含む場合や横に長くなる場合で、空白自体に重要な意味がない場合には、結果内容を見やすくできます。次のような場合、実際には改行がない「[1, 2, 3, 4, 5, 6, 7, 8, 9, 10, 11]」が結果となりますが、空白の数と改行を無視するため、テストに成功します。

```
>>> list(range(1,12)) # doctest: +NORMALIZE_WHITESPACE
[1, 2, 3,
    4, 5, 6,
    7, 8, 9,
    10, 11]        ←見やすくする
```

ただし、もともと空白がない場所に空白を追加したり、空白以外の場所に改行を入れ

たりすると、テストは失敗します。例えば次のような場合にはテストは失敗します。

```
>>> list(range(1,12)) # doctest: +NORMALIZE_WHITESPACE
[ 1, 2, 3,
  4, 5, 6,
  7, 8, 9,
 10, 11]         ←空白がなかった場所に空白を入れた場合
>>> list(range(1,12)) # doctest: +NORMALIZE_WHITESPACE
[1, 2, 3
, 4, 5, 6
, 7, 8, 9
, 10, 11]        ←空白以外の場所に改行を入れた場合
```

実行するとテストに失敗します。

```
(python15h) guest@python15h $ python -m doctest doctest05.txt
**********************************************************************
File "doctest05.txt", line 2, in doctest05.txt
Failed example:
    list(range(1,12)) # doctest: +NORMALIZE_WHITESPACE
Expected:
    [ 1, 2, 3,
      4, 5, 6,
      7, 8, 9,
     10, 11]
Got:
    [1, 2, 3, 4, 5, 6, 7, 8, 9, 10, 11]
**********************************************************************
File "doctest05.txt", line 9, in doctest05.txt
Failed example:
    list(range(1,12)) # doctest: +NORMALIZE_WHITESPACE
```

```
Expected:
    [1, 2, 3
    , 4, 5, 6
    , 7, 8, 9
    , 10, 11]
Got:
    [1, 2, 3, 4, 5, 6, 7, 8, 9, 10, 11]
**********************************************************************
1 items had failures:
    2 of    2 in doctest05.txt
***Test Failed*** 2 failures.
```

- **ELLIPSIS**

  実行するたびに結果が変わるようなテストの場合はどうしたらよいでしょうか。後ほど説明する「モック」という仕組みで毎回同じ値を返すようにすることもできますが、ドキュメンテーションとしての簡潔さを失ってしまうことがあります。

  文字列の一部を省略して、その他の部分のみ一致しているか確認するための「ELLIPSIS」というDirectiveがあります。例えば、実行日時を日本語で伝えたい場合には、日時部分を省略するとよさそうです。

```
>>> from datetime import datetime
>>> datetime.now().strftime(' 現在 %Y 年 %m 月 %d 日 %H 時 %M 分です ')
... # doctest: +ELLIPSIS
' 現在 ... 年 ... 月 ... 日 ... 時 ... 分です '
```

こうしておけば、実行した日時と関わりなく、どのような出力なのかがわかるでしょう。もちろん、ユニットテストでモックを使って出力のフォーマットが正しいことをテストする必要はあるでしょう。

この例では、Directivesの指定をテストのコード行(「>>>」で始まる行)に続けて書かずに、次の行(「...」)にコードブロックを表す「...」とともに書いています。横に長くなってしまう場合には、このようにするとよいでしょう。

- **SKIP**

  doctestとして認識されてしまうのを防ぐDirectiveもあります。ドキュメントに説明として掲載したいけれども、テストする環境では動作しなかったり、テストすること自体に意味がなかったりする場合には、「SKIP」というDirectiveでテストとして認識

させないようにすることができます（**リスト9.7**）。

リスト9.7 doctest07.py

```python
def get_user_home(username):
    """ 事前にLDAPサーバなどへ接続してユーザ認証をしておきましょう
    >>> import ldap # doctest: +SKIP
    >>> _ldap = ldap.open('Your LDAP Server') # doctest: +SKIP
    >>> _ldap.simple_bind_s('User A', 'Password') # doctest: +SKIP

    認証に問題がないことの確認がとれた後に、ユーザのホームディレクトリの位置を確認します
    >>> get_user_home('User A')
    '/home/user_a'
    """
    return '/home/{0}'.format(username.lower().replace(' ', '_'))
```

9-4-2　doctestを実行しよう

　ここまでいくつものファイルにdoctestを書いてきました。1ファイルずつPyCharmで右クリックしたり、コマンドラインで指定して実行するのは面倒です。そこで、PyCharmのRunを構成して、doctestを全部実行してみましょう。

❶ PyCharmのメニューを［Run］→［Edit Configurations...］の順に選択する（図9.6）

図9.6 Edit Configurations

❷「Run/Debug Configurations」ダイアログが表示される

❸ ダイアログ左上部の「+」をクリックするとサブメニューが出るので、[Python tests]→[Doctests]の順に選択する（図9.7）

図9.7 Doctestsの選択

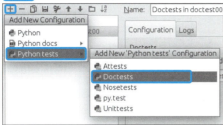

❹ 「Name」に「all doctests」と入力し、「Configuration」タブの「Doctests」の「Test:」を「All in folder」に指定すると、ディレクトリを指定するフィールドが表示されるので、「/home/guest/python15h/chapter09」を指定する。さらに「Pattern」にチェックを入れて、「doc*」を入力する（図9.8）

図9.8 フォルダの選択とパターンの指定

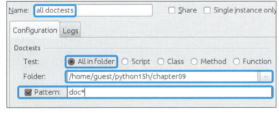

❺ [OK]をクリックする
❻ 再びPyCharmのメニューの[Run]を選択すると、[Run 'all doctests']というメニューが一番上に表示される（図9.9）。これを選ぶと、発見したdoctestすべてが実行される（図9.10）

図9.9 Run 'all doctests'

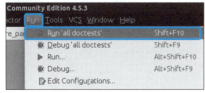

図9.10 発見したdoctestの実行

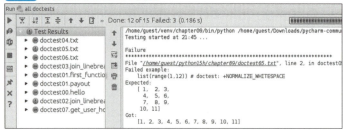

◆**CLI(Command Line Interface)で実行する**

unittestモジュールを用いてdoctestを実行する方法もあります。

後述しますが、unittestモジュールを用いてユニットテストを自動で発見し実行させることが可能です。unittestモジュールの自動ディスカバリは「test_*.py」を探すので、「test_doctest.py」というファイルを作成します（**リスト9.8**）。

doctest対象のモジュール（py）やテキストファイル（txt）をテスト対象に加えるには、「load_tests」という関数をtest_doctest.pyに定義し、引数のtestsにテスト対象を追加します。その際、モジュールは「doctest.DocTestSuite」、テキストファイルは「doctest.DocFileSuite」とします。

リスト9.8 test_doctest.py

```
import doctest


import doctest00

import doctest01

import doctest02

import doctest03

import doctest07




def load_tests(loader, tests, ignore):

    tests.addTests(doctest.DocTestSuite(doctest00))

    tests.addTests(doctest.DocTestSuite(doctest01))

    tests.addTests(doctest.DocTestSuite(doctest02))

    tests.addTests(doctest.DocTestSuite(doctest03))
```

```
    tests.addTests(doctest.DocFileSuite('doctest04.txt'))
    tests.addTests(doctest.DocFileSuite('doctest05.txt'))
    tests.addTests(doctest.DocFileSuite('doctest06.txt'))
    tests.addTests(doctest.DocTestSuite(doctest07))
    return tests
```

では、UbuntuのCLIツール「terminal」を開いてみましょう。画面左のドック一番上にある「Search your computer and online sources」のアイコンをクリックし、検索窓に「terminal」と入力すると、terminalのアプリケーションアイコンが表示されるので、これをクリックします（**図9.11**）。

図9.11 terminalを検索

unittestの自動ディスカバリによる実行をするには、terminalに次のように入力します（「$」はプロンプトなので入力しません。実際は**図9.12**のようになります）。

```
$ source ~/venv/chapter09/bin/activate
$ cd ~/python15h/chapter09
$ python -m unittest
```

図9.12 terminalに入力

```
guest@ubuntu:~/python15h/chapter09
guest@ubuntu:~$ source ~/venv/chapter09/bin/activate
(chapter09) guest@ubuntu:~$ cd ~/python15h/chapter09
(chapter09) guest@ubuntu:~/python15h/chapter09$ python -m unittest
```

このように複数のテストをまとめて実行する単位のことを、「テストスイート」と呼びます。上記の例は、テストスイートを複数まとめたテストスイートといえるでしょう。

tests.addTestsにDocTestSuiteやDocFileSuiteとして渡さずに、doctest.testfileにファイルを指定することでも実行は可能です。ただし、doctest.testfileを呼び出した時点で個別にテストが実行されてしまうため、テストの総数などが見にくくなります。

unittestの自動ディスカバリからテストされるようにしておくと、後述のユニットテストとあわせて実行できるようになるので、テストスイートに追加するようにしましょう。

9-4-3　ユニットテストを書いてみよう

ここまでdoctestでテストを行う方法を見てきました。最初に紹介したように、Pythonにはunittestというモジュールも付属しています。doctestはドキュメンテーションとしての色を強く出していましたが、unittestはどういったものに向いているでしょうか。

unittestには、より細かいアサーションメソッドやテストデータの準備・廃棄をする「フィクスチャ」機能が用意されており、Python自動テストの主力となるものです。

◆ユニットテストの書き方

まずはユニットテストの書き方を見ていきましょう（**リスト9.9**）。

リスト9.9 test_unittest01.py

```python
import unittest

class TestSample(unittest.TestCase):

    def setUp(self):
        print('setUp')

    def testEasyCalc(self):
        self.assertEqual(4, 2 * 2, '計算が間違っています')

    def testEasyCalcFail(self):
        self.assertEqual(9, 4 * 3, '計算が間違っています')
```

```
    def tearDown(self):
        print('tearDown')
```

ユニットテストは「unittest.TestCase」クラスを基底クラスとしてクラスを作ります。ユニットテスト用のクラスに「テストケース」を書いていきます。テストケースは、テスト対象に対して、ある入力をした場合に期待される出力（expected）と実際の出力（fact）を検証する「シナリオ」です。

各テストは「test」で始まるメソッドとして定義していきます。テスト実行時にテストとして認識されるのは、この「test」で始まるメソッド名のもののみです。各テストでは、基底クラスが備えている「assertEqual」といったアサーションメソッドを利用して、期待される出力と、実際の出力とを検証します。

「setUp」と「tearDown」は、「テストフィクスチャ」と呼ばれる仕組みです。setUpは各テストの実行前、tearDownは各テストの実行後にそれぞれ実行されます。doctestにはなかった仕組みで、テストに必要なデータや環境の準備やテストが終わった後のクリーンアップのために用意されています。

tearDownはテストに失敗しても呼び出されますが、setUpでエラーが発生すると、対象のテストとtearDownは実行されません。つまり、setUpでエラーが発生すると、エラーの発生までに準備された外部データはそのままの状態で次のsetUpが呼ばれてしまいます。

Column｜データのクリーンアップはどこで行うとよいのか

tearDownのみでデータのクリーンアップを行っていると、setUpの際のデータの準備で再びエラーが発生して先に進めなくなることがあります。

かといって、存在しないはずのデータが残ってしまっていないかの確認をsetUpで行い、もし存在していた場合には削除する、といった仕組みをsetUpに書いてしまうと、テストの数が増えてきた際にテストにかかるコストが増大してしまうことにもなります。

必要に応じてsetUpからも削除をしやすいようにしておくのがよいでしょう。

利用する前にクリーンアップすればよいのではないかと思うかもしれませんが、setUpだけでクリーンアップの処理を行うと、常にデータが残ってしまうため、他のテストに影響を与えてしまうかもしれません。

データのクリーンアップはあくまでtearDownに責任を持たせましょう。

◆ユニットの単位

ユニットテスト用のクラスは何の単位で作ればよいでしょうか。ユニットテストで扱う単位（＝ユニット）は本来最小単位を表しますが、実際の最小単位はそう厳密に決められるものではありません。しかし多くの場合、クラスの場合はメソッド、モジュールの場合には関数をそれぞれユニットとして捉えるのが適切でしょう。

これは言語によって捉え方が少し異なるかもしれません。というのも、例えばJavaの場合にはpublicなクラスとファイル名が一致している必要があることからテストのクラスが増えすぎてしまうため、慣習的にテストケースを対象のクラス単位で作っていることがあるかもしれません。

例として、ユーザの属性からファイルパスを操作するクラスを仮定して考えてみましょう。ファイルパスを操作するファイルを**リスト9.10**、そのクラスをテストするファイルを**リスト9.11**に示します。

リスト9.10 userpath.py

```python
import os

class UserPath:

    def __init__(self, user):
        self.user = user


    def create_document_directory(self):
        _path = '/tmp/{0}/Documents'.format(self.user)
        if not os.path.exists(_path):
            os.makedirs(_path)
            return True
        return False


    def delete_document_directory(self):
        _path = '/tmp/{0}/Documents'.format(self.user)
        if os.path.exists(_path):
            current = os.getcwd()
```

```
            os.chdir('/tmp/{0}'.format(self.user))
            os.removedirs('Documents')
            os.chdir(current)
            return True
    return False
```

リスト9.11 test_unittest02.py

```python
import unittest
import shutil
import os
from userpath import UserPath

class TestUserPathInit(unittest.TestCase):

    def test_init_assign_user(self):
        user_path = UserPath('username')
        self.assertEqual('username', user_path.user)

class TestUserPathCreateDocumentDirectory(unittest.TestCase):

    def setUp(self):
        self.user_path = UserPath('username')
        if os.path.exists('/tmp/username'):
            shutil.rmtree('/tmp/username')

    def tearDown(self):
        if os.path.exists('/tmp/username'):
            shutil.rmtree('/tmp/username')

    def test_create_document_directory(self):
```

```python
        result = self.user_path.create_document_directory()
        self.assertTrue(result)
        self.assertTrue(os.path.exists('/tmp/username/Documents'))

    def test_create_document_directory_not_created(self):
        self.user_path.create_document_directory()
        self.assertTrue(os.path.exists('/tmp/username/Documents'))
        result = self.user_path.create_document_directory()
        self.assertFalse(result)
        self.assertTrue(os.path.exists('/tmp/username/Documents'))


class TestUserPathDeleteDocumentDirectory(unittest.TestCase):

    def setUp(self):
        self.user_path = UserPath('username')
        if os.path.exists('/tmp/username'):
            shutil.rmtree('/tmp/username')
        self.user_path.create_document_directory()

    def tearDown(self):
        if os.path.exists('/tmp/username'):
            shutil.rmtree('/tmp/username')

    def test_delete_document_directory(self):
        self.user_path.create_document_directory()
        result = self.user_path.delete_document_directory()
        self.assertTrue(result)
        self.assertTrue(os.path.exists('/tmp/username'))
        self.assertFalse(os.path.exists('/tmp/username/Documents'))
```

```python
def test_delete_document_directory_not_deleted(self):
    shutil.rmtree('/tmp/username')
    result = self.user_path.delete_document_directory()
    self.assertFalse(result)
    self.assertFalse(os.path.exists('/tmp/username/Documents'))

def test_delete_document_directory_not_empty(self):
    self.user_path.create_document_directory()
    with open('/tmp/username/Documents/f', 'w') as f:
        f.write('spam')
    self.assertRaises(OSError,
                      self.user_path.delete_document_directory)
    self.assertTrue(os.path.exists('/tmp/username/Documents'))
    self.assertTrue(os.path.exists('/tmp/username/Documents/f'))
```

　例示したテストの他にも、9-2-1項で触れたさまざまな値のテストや、サブディレクトリがあった場合にはどうなるかといったテストも本来は必要ですが、ここではユニットの例としてテストのごく一部だけを記述しています。

　各テストケースのsetUpでは、対象のメソッドが呼ばれる直前の正常な状態になるようにコードを書いてあります。「UserPath.create_document_directory」のテスト前には対象のディレクトリがない状態に、「UserPath.delete_document_directory」のテスト前には対象のディレクトリがある状態にそれぞれしています。

　各々のメソッドが呼ばれる前にどの状態になっていることを期待しているかがわかり、続いて正常時にメソッドが呼ばれるとその後にどのような状態になっているのかがわかります。また、他のテストでは、状態の変化に対応して結果がどう変わってくるのかがわかるようになっています。

　どちらの場合も、tearDownではディレクトリがない状態（クリーンな状態）にしています。

◆アサーションの種類

　unittest.TestCaseには、ここまで見てきたアサーションメソッドの他にも、用途に応じたメソッドが多数用意されています。

- 等価を用いるアサーションメソッド
  assertEqual、assertNotEqual、assertTrue、assertFalse、assertIs、assertIsNot、assertIsNone、assertIsNotNone、assertIn、assertNotIn、assertIsInstance、assertNotIsInstance
- 例外や警告に関するアサーションメソッド
  assertRaises、assertRaisesRegex、assertWarns、assertWarnsRegex
- その他のメソッド
  assertAlmostEqual、assertNotAlmostEqual、assertGreater、assertGreaterEqual、assertLess、assertLessEqual、assertRegex、assertNotRegex、assertCountEqual、assertLogs

　初心者に少しわかりにくいのは「assertAlmostEqual」でしょう。コンピュータの浮動小数点に関する誤差でテストが行えなくならないように用意されているメソッドです。

　リスト9.12のユニットテストを見てください。人間的に考えると問題なさそうですが、Pythonにテストさせるとテストが失敗してしまいます。

リスト9.12 test_unittest03.py

```python
import unittest

class TestFloatingPoint(unittest.TestCase):
    def test_equal(self):
        self.assertEqual(0.3, 0.1 + 0.1 + 0.1)
```

　これは、Pythonの浮動小数点は、人間の考える10進数と違う値の持ち方になっているためです。試しに対話コンソールセッションを開いて、「0.1 + 0.1 + 0.1」に対してPythonがどのような結果を返すか確認してみましょう。

```
>>> 0.1 + 0.1 + 0.1
0.30000000000000004
```

　期待する0.3ではなく、小数点第17位に4があります。結果は動作しているコンピュータによって位置が異なることがあります。小数点第17位に重要な意味があり、プログラムで小数点第17位に4がくることをテストしたい場合には、厳密にテストを行えばよいでしょう。しかし、おおよそ0.3であれば問題がないテストの場合（つまり単に

Pythonの「+」を使って演算するプログラムでよい場合）、結果が不定では困ってしまいます。

そこで「TestCase.assertAlmostEqual」を用いて次のように書くことで、テストを成功させることができます。

```
def test_almost_equal(self):
    self.assertAlmostEqual(0.3, 0.1 + 0.1 + 0.1)
```

assertAlmostEqualは、小数点第何位で丸めを行うかの指定をキーワード引数「places」で指定できます（デフォルト値は7です）。

9-4-4　ユニットテストを実行しよう

doctestを構成したときと同様に、PyCharmのRunを構成してユニットテストを自動ディスカバリして実行してみましょう。

◆**PyCharmでユニットテストを実行する**

❶ PyCharmのメニューを［Run］→［Edit Configurations...］の順に選択する（図9.13）

図9.13 Edit Configurations

❷「Run/Debug Configurations」ダイアログが表示される
❸ ダイアログ左上部の「+」をクリックするとサブメニューが出るので、［Python tests］→［Unittests］の順に選択する（図9.14）

図9.14 Unittestsの選択

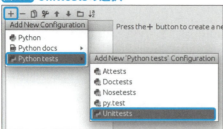

❹「Name」に「all unittests」と入力し、「Configuration」タブの「Unittests」の「Test:」を「All in folder」に指定すると、ディレクトリを指定するフィールドが表示されるので、「/home/guest/python15h/chapter09_tests」を指定する（図9.15）

図9.15 フォルダの選択とパターンの指定

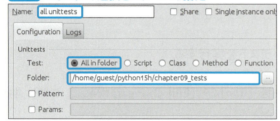

❺［OK］をクリックする
❻ 再びPyCharmのメニューの［Run］を選択すると、［Run 'all unittests'］というメニューが一番上に表示される（図9.16）。これを選ぶと、発見したユニットテストすべてが実行される（図9.17）

図9.16 Run 'all unittests'

図9.17 発見したユニットテストの実行

◆CLIでユニットテストを実行する

doctestで見てきたのと同様に、CLIでも試してみましょう。

テストのソースコードは、doctestは別のディレクトリに配置しています。テストのソースコードと通常のソースコードを、ディレクトリを分けて置いておけば、本番環境にはテストコードをリリースしないといったことも容易です。通常のソースコードは「/home/guest/python15h/chapter09」に、テストコードは「/home/guest/python15h/chapter09_tests」にあります。

まずはterminalを開きましょう。画面左のドックの一番上のアイコンをクリックして「terminal」を検索すればよかったことを覚えていますよね。

terminalを開いたら、通常のソースコードがおいてあるディレクトリを「PYTHONPATH」に追加します。

```
$ export PYTHONPATH=$PYTHONPATH:/home/guest/python15h/chapter09
```

その後、VirtualEnvを有効にし、テストコードが置いてあるディレクトリに移動して、doctestのときと同様にunittestモジュールを実行します。

```
$ source ~/venv/chapter09/bin/activate
$ cd ~/python15h/chapter09_tests
$ python -m unittest
```

doctestの一覧を定義していたtest_doctest.pyをchapter09_testsディレクトリに移動すれば、ユニットテストと一緒にdoctestも実行できます。ただし、移動後のtest_doctest.pyから見たdoctest04.txt等は、ファイルパスを変更する必要があります（**リスト9.13**）。

リスト9.13 chapter09_tests/test_doctest.py

```
# test_doctest.py の変更部分（chapater09_tests ディレクトリに置いた場合）
tests.addTests(doctest.DocFileSuite('../chapter09/doctest04.txt'))
tests.addTests(doctest.DocFileSuite('../chapter09/doctest05.txt'))
tests.addTests(doctest.DocFileSuite('../chapter09/doctest06.txt'))
```

自動ディスカバリの他にも、テスト対象のモジュール、同モジュール内のクラスやメソッドを指定して特定のテストのみを実施することもできます。

9-4-5　unittest.Mockで依存を取り除こう

ユニットテストはテスト対象（のユニット）だけをテストするように記述すると説明してきました。テスト対象のユニット以外に依存してしまうと、テストに失敗した際に原因を探りにくくなってしまうからです。

対象のユニットAが別のユニットBを呼び出している場合には、Bの振る舞いを真似た「mock」というものに差し替えて実行することで、この依存を断ち切ります。

例として、実行時の日時に基づいてユーザのテンポラリディレクトリを作成するというメソッドを考えてみましょう（**リスト9.14**）。

リスト9.14 userpath2.py

```python
import os
from datetime import datetime


class UserPath:

    def __init__(self, user):
        self.user = user

    # .. 省略

    def create_temporary_directory(self):
        _path = '/tmp/{0}'.format(self.user)
```

```
        _path = os.path.join(_path, datetime.now().↲
strftime('_%Y%m%d_%H%M%S'))
        if not os.path.exists(_path):
            os.makedirs(_path)
            return True
        return False
```

　このcreate_temporary_directoryは/tmpディレクトリ以下にユーザごとのディレクトリを作り、さらにユーザごとのディレクトリ配下に「_YYYYMMDD_HHMMSS」形式のディレクトリを作ります。

　問題は、「datetime.datetime.now」で実行時の日時を利用していることです。実際に実行時の日時からディレクトリが作られていることを確認するためにはどうすればよいでしょうか。テストする際に、テストコード側でテストコード実行時の日時を取り出して比較する？　今回の場合はそれでもうまくいく可能性が高いでしょうが、たまに失敗してしまうことでしょう。また、ミリ秒までを利用することになるとたいてい失敗することでしょう。

　テストコード側から「UserPath.create_temporary_directory」が依存している「datetime.datetime.now」の挙動を変えてしまえば、毎回同じ結果を得られるようになります（**リスト**9.15）。

リスト9.15 test_mocktest01.py

```python
import os
import shutil
from datetime import datetime
from userpath2 import UserPath

from unittest.mock import Mock, patch
import unittest

class TestUserPathCreateTemporaryDirectory(unittest.TestCase):

    def setUp(self):
        self.user_path = UserPath('username')
```

```python
        if os.path.exists('/tmp/username'):
            shutil.rmtree('/tmp/username')

    def tearDown(self):
        if os.path.exists('/tmp/username'):
            shutil.rmtree('/tmp/username')

    @patch('userpath2.datetime')
    def test_create_temporary_directory(self, datetime_mock):
        datetime_mock.now = Mock(return_value=datetime(2015, 5, 4, 11, 50, 2))
        self.assertTrue(self.user_path.create_temporary_directory())
        self.assertTrue(os.path.exists('/tmp/username/_20150504_115002'))
```

　まずpatchデコレータで、userpath2モジュールにimportしているdatetime.datetimeをパッチすることを宣言しています。続いて、テストメソッドの中でdatetime.datetime.nowをMockオブジェクトに差し替えています。userpath2モジュールの中でnowを呼び出すと、差し替えたMockオブジェクトのreturn_valueに設定した値が返ります。UserPathの実装の外側から、UserPathの実装の内側のコードをコントロールすることができるため、datetime.datetime.nowへの依存から離れてテストできるようになりました。

◆呼び出しのトラッキング

　Mockは、メソッドをパッチする以外に、メソッドの呼び出しをトラッキングすることもできます（**リスト9.16**、**リスト9.17**）。

リスト9.16 userpath3.py

```python
import os
from datetime import datetime


class UserPath:
```

```python
    def __init__(self, user):
        self.user = user

    def _create_user_directory(self, subdirectory):
        _path = '/tmp/{0}/{1}'.format(self.user, subdirectory)
        if not os.path.exists(_path):
            os.makedirs(_path)
            return True
        return False

    def create_temporary_directory(self):
        return self._create_user_directory(
            datetime.now().strftime('_%Y%m%d_%H%M%S'))
```

リスト9.17 test_mocktest02.py

```python
import os
import shutil
from datetime import datetime
from userpath3 import UserPath

from unittest.mock import Mock, patch
import unittest

class TestUserPathCreateTemporaryDirectory(unittest.TestCase):

    def setUp(self):
        self.user_path = UserPath('username')

    @patch('userpath3.datetime')
    def test_create_temporary_directory(self, datetime_mock):
```

```
        datetime_mock.now = Mock(return_value=datetime(2015, 5, 4, ↩
11, 50, 2))
        self.user_path._create_user_directory = Mock()
        self.user_path.create_temporary_directory()
        self.user_path._create_user_directory.assert_called_once_with(
                            '_20150504_115002')
```

リスト9.17ではUserPathクラスのインスタンスuser_pathのメソッド「_create_user_directory」をMockオブジェクトで置き換えて、create_temporary_directoryメソッドの呼び出しから実際に想定どおりの引数で呼ばれているかをアサーションしています。

Mockは「mock_calls」という属性（アトリビュート）を持っており、Mockオブジェクトに対するすべての呼び出しが順番に記録されています。

◆MockとMagicMock

ここからはMockの挙動について少し見ていきましょう。unittest.Mockには、「MagicMock」というサブクラスがあります。MagicMockは特異メソッド（Magic method）に対応したMockのサブクラスです。

```
>>> from unittest.mock import Mock, MagicMock
>>> m = Mock()
>>> m + m
Traceback (most recent call last):
  File "<stdin>", line 1, in <module>
TypeError: unsupported operand type(s) for +: 'Mock' and 'Mock'
>>> mm = MagicMock()
>>> mm + mm
<MagicMock name='mock.__add__()' id='4333434528'>
>>> mm + m
<MagicMock name='mock.__add__()' id='4333434528'>
>>> mm.__add__.mock_calls
[call(<MagicMock id='4333007928'>), call(<Mock id='4330366960'>)]
```

Mockオブジェクトは「__add__」に非対応ですが、MagicMockは「__add__」に対応しています。実は1つ前の例ではMockクラスを利用しましたが、MagicMockクラスを用いればMockの機能にもMagicMockの機能にも対応できるので、実際の開発ではMockクラスではなくMagicMockクラスを利用することが多いでしょう。

◆side_effect

Mockは、呼び出すたびに設定された値を順に返すこともできます。

```
>>> e = Mock(side_effect=[1,Exception('Spam!'),2])
>>> e()
1
>>> e()
Traceback (most recent call last):
... # 省略
Exception: Spam!
>>> e()
2
>>> e()
Traceback (most recent call last):
... # 省略
StopIteration
```

「side_effect」には例外オブジェクトを設定することもでき、呼び出されると例外を送出します。例ではリストに例外オブジェクトを設定していますが、side_effectにはリストのようなiterableの他に、例外や関数も設定できます。

◆多段のMockと自由でないMock

Mockは属性アクセスされた際に自動でMockを生成して返します。そのため、深い階層のオブジェクトを表現することもできます。

```
>>> m = Mock()
>>> m.n.o.return_value = 'Egg!'
>>> m.n.o()
```

```
'Egg!'
```

逆に言えば、Mockオブジェクトは存在しない属性へのアクセスが可能なので、存在しないメソッドや属性へのアクセスが発生してもエラーにならずに進んでしまいます。

そこで、クラスをもとにメソッドや属性へのアクセスを制限することができるようになっています。Mockのspecにもととなるクラスを指定して、Mockオブジェクトを生成します。

```
>>> from unittest.mock import Mock, MagicMock
>>> from userpath3 import UserPath
>>> m = Mock(spec=UserPath)
>>> m.create_temporary_directory
<Mock name='mock.create_temporary_directory' id='4330362304'>
>>> m.create_temporary_directory2
Traceback (most recent call last):
  File "<stdin>", line 1, in <module>
  File "/Library/Frameworks/Python.framework/Versions/3.4/lib/python3.↩
4/unittest/mock.py", line 557, in __getattr__
    raise AttributeError("Mock object has no attribute %r" % name)
AttributeError: Mock object has no attribute ↩
'create_temporary_directory2'
```

こうしておくことで、Mock対象のクラスに変更があった場合にはきちんとテストで失敗させることができます。specに指定した場合には参照のみが制限されますが、spec_setに指定すると属性の追加も制限できます。

9-4-6　カバレッジを見てみよう

いろいろなテストの書き方を学びましたので、テストのカバレッジを見てみましょう。「カバレッジ」は、テストによってコードのステートメントがどのくらいの割合呼び出されたかを数値化したものです。

PyCharmのCommunity Editionではカバレッジを見られないため、本書ではCLIで見ることにします。PyCharmのProfessional Edition以上では簡単にカバレッジの

表示ができますので、業務で利用する場合には購入を検討してみるとよいでしょう。
　CLIでカバレッジを表示するためには、PyPI（the Python Package Index）で公開されている「coverage.py」というライブラリを用います。chapter09用のVirtualEnvには事前にインストール済みです。
　terminalを開き、テストコードの格納してあるディレクトリへカレントを移動します。そして、カバレッジコマンドを用いてカバレッジのデータを作成します。

```
$ source ~/venv/chapter09/bin/activate         ←❶
$ export PYTHONPATH=$PYTHONPATH:/home/guest/python15h/chapter09   ←❷
$ cd ~/python15h/chapter09_tests               ←❸
$ coverage erase                               ←❹
$ coverage run -m unittest test_unittest02.py  ←❺
```

❶ VirtualEnvを有効にする
❷ ソースコードのあるディレクトリにPYTHONPATHを通す
❸ テストコードの格納してあるディレクトリへ移動する
❹ 念のためカバレッジ解析のデータを消去する
❺ test_unittest02.pyをunittestした際のカバレッジ解析を行う

続いて、気になるカバレッジを表示してみましょう。

```
$ coverage report -m
Name                                              Stmts   Miss   Cover   Missing
-------------------------------------------------------------------------------
/home/guest/python15h/09.test/src/userpath.py       19      0    100%
test_unittest02.py                                  53      2     96%   19, 43
-------------------------------------------------------------------------------
TOTAL                                               72      2     97%
```

9時間目 ソフトウェアテスト

userpath.pyのカバレッジは100%ですが、前述したように今回はユニットの捉え方を示すためだけの実装とテストのみを記述しています。カバレッジが100%ならソフトウェアに問題がないと過信はできないことがよくわかるでしょう。カバレッジを見て満足しないようにしてください。

そして、test_unittest02.pyのカバレッジが100%でないことに気付きましたか？ 19行目と43行目を通っていないと出力されています。

実際にはどのコードでしょうか。行番号からたどることももちろん可能ですが、実際はもっとたくさんの行が表示されることになりますし、少し不便です。

coverage.pyには、HTML形式でレポート表示する機能も含まれています。以下のように実行してみましょう（**図9.18**）。Firefox Webブラウザをterminalから起動していますが、任意のブラウザから該当のファイルを開いても問題ありません。

```
$ coverage html
$ firefox htmlcov/index.html
```

図9.18 HTMLレポート

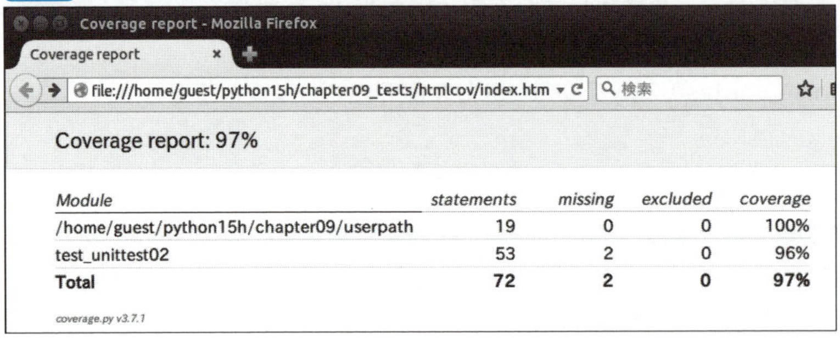

CLIで表示したのと似た表示がブラウザ上に開きました。Moduleの列でtest_unittest02.pyをクリックしてみましょう。通らなかった行がハイライトされています（**図9.19**）。

図9.19 test_unittest02.pyのカバレッジ状態

```
Coverage for test_unittest02 : 96%
53 statements  51 run  2 missing  0 excluded

 1  import unittest
 2  import shutil
 3  import os
 4  from userpath import UserPath
 5
 6
 7  class TestUserPathInit(unittest.TestCase):
 8
 9      def test_init_assign_user(self):
10          user_path = UserPath('username')
11          self.assertEqual('username', user_path.user)
12
13
14  class TestUserPathCreateDocumentDirectory(unittest.TestCase):
15
16      def setUp(self):
17          self.user_path = UserPath('username')
18          if os.path.exists('/tmp/username'):
19              shutil.rmtree('/tmp/username')
20
```

　ハイライトされた行を見てみると、念のためディレクトリをクリーンにしている箇所でした。ここは通らないことがもともと想定されている箇所です。今回カバレッジが100%でなかったのはテストコードですが、実際のコードには、通常通らないが、もしものときのためにガードしているといったコードもたくさん記述されます。先ほどの例からも、カバレッジ100%がプログラムが正しいことの保証にならないことはすでに理解されたと思いますが、逆にカバレッジが100%にならなくても必ずしも問題でないことがわかります。

確 認 テスト

Q1 APIの振る舞いを表すドキュメントに向いているテストはdoctestとunittestのどちらですか。

Q2 テストケースとは何のことだったでしょうか。説明してみましょう。

Q3 郵便番号の境界値を考えてみましょう。

Q4 テストのカバレッジが100%でも安心できないのはなぜですか。

10時間目 デバッグ

テストで見つかったバグの原因を探って直していくことをデバッグといいます。効率的にバグを表現する方法や、原因を素早く探っていく方法を身に付けましょう。

今回のゴール

- 自動テストのメリットを語れる
- バグを適切に報告できるようになる
- バグの原因を素早く探れるようになる

10-1 デバッグとテスト

10-1-1 自動テストの意義

　見つかったバグの原因を探り、機能が正常に動作するようにバグを取り除くことを「デバッグ」といいます。バグが見つかるのはどのようなときでしょうか。ユーザが利用していて見つけることもあるでしょう。しかし、本番環境でバグを引き起こしてしまうのは非常に危険です。場合によってはデータに不整合が発生したり消えてしまったりすることでしょう。そうなると、業務が行えないことによる損失が発生し、データの復旧を行うためのコストも発生します。信頼を失い、システムの開発や利用に消極的になってしまうかもしれません。

　可能な限りバグがない状態で本番環境にリリースするために、「テスト」を実施します。ここまでに見てきたように、テストの実施には大きな工数がかかります。境界値という言葉を覚えていますか？プログラムやミドルウェアなどさまざまな要素に変更が入るたびに、細かい入力の違いを何度もテストを実施する必要があるのです。プログラムを変更した箇所だけテストを実施すればよいと思っていませんか？プログラム

を差し替えたことによる影響が思いもよらない機能に及ばないとも限らないので、どこかに変更があった場合にはすべてのテストを実施し直さなければなりません。

　テストの大変さがわかってきましたね。人間がすべてのテストを何度も繰り返すのは、事実上困難と言えるでしょう。そこで9時間目で見てきたように、テストの自動化を行ってコンピュータに何度もテストを実施させるのです。継続してテストを行うことを「CI(Continuous Integration)」と呼び、自動で行うためのソフトウェアもたくさん開発されています。例えば「Jenkins」というオープンソースのソフトウェアが広く使われています。CIのソフトウェアの導入の際には検討してみるとよいでしょう。

　自動テストが苦手な分野もできるだけ自動テストできるようにツールの開発が続けられています。利用されるライブラリ側も、自動テストできることで価値が上がりますし、自動テストの重要性は継続して増してゆくでしょう。テストツール自体の開発もより活発化し、今後は自動テストが苦手とすることは減っていくことでしょう。

10-1-2　バグ報告を適切に行おう

　バグ報告の目的は、ソフトウェアが正常に動作するようにバグを取り除くことです。バグを取り除くためには、なぜ想定外の動作をするかを開発者が確認する必要があります。つまり、どのソフトウェアのどこにバグがあるか、それはどういった条件で発生するのか、がわかるようにバグ報告をしなければ、バグは取り除けないということです。

◆簡潔に伝える

　さて、手動によるテスト中や、システムを利用していてバグを見つけたら、どのような点に気を付けてバグを報告したらよいのでしょうか。「動きません」でもよいのでしょうか、それとも「AというシステムのBという機能が動きません」でしょうか。後者は前者よりはましですが、やはり何のことなのか、エンジニアは根掘り葉掘り聞かないと何が起きているのかわかりませんよね。予期していた動作と、実際の動作を伝えてください。簡潔だけれども曖昧ではない、というのが理想的です。つまり、概要から内容が把握できれば、あなたの報告が何を意味しているのかを根掘り葉掘り聞き出す手間が省けます。法律や契約書と同じように、バグ報告する際は主語を省かずに厳密に伝えるようにしましょう。

◆再現手段を伝える

　バグに一番遭遇するのはテスト中です。テストを実施する際には、きちんと手順を定めて行いましょう。なぜなら、手順を定めておけば、どの手順を行っているときに

バグが発生したのかを伝えやすくなるからです。手当たり次第に操作をしてしまっていると、問題が何から発生したのかを判断するのが困難となり、再現させることができなくなってしまうでしょう（手当たり次第に操作するテストも重要なテストではありますが）。

テスト中ではなく、手順を意識せずに利用していた場合には、利用していたソフトウェア、利用していた機能、問題が発生したデータ、何時何分頃に利用していたかを伝えましょう。一番簡単なのは、操作を見せることです（ただし、データを壊してしまうようなバグは何度も実行しないほうがよいでしょう）。

◆発生した事象を正確に伝える

バグが発生したときの状況をできるだけ細かく把握して伝えることを目指しましょう。機能を利用して得られると思っていた内容、実際に機能を利用して得られた結果を伝えましょう。スクリーンショットを撮ることが許されている環境であれば、他の操作をする前にスクリーンショットを撮りましょう。目に見える状況はスクリーンショットが一番です。スクリーンショットを撮れない場合には、本来予期していたことと違うことをメモしましょう。エラーメッセージが表示された場合には、ぜひ全文をメモしてください。あなたにはまったく意味がわからなくても、重要な内容が含まれています。

操作した環境も伝えられるとよいでしょう。コンピュータのスペック、OSやブラウザ、ウイルス対策ソフトの種類やバージョンなどが関係することもあります。

10-2 バグの場所を特定する

バグを発見したり、報告されたりしたら、どのようにバグの原因を突き止め、修正していけばよいのかを学んでいきましょう。

10-2-1　トレースバックを利用しよう

予期せぬ問題が発生し、Pythonが実行時にエラーを発生すると、「トレースバック」と呼ばれる情報がエラーとして出力されます。例えば**リスト10.1**のようなプログラムがあるとします。

リスト10.1 debug01.py

```
import sys
```

```python
def name_times_by(first_name, last_name):
    return len(first_name) / len(last_name)


if __name__ == '__main__':
    first_name = 'makoto'
    last_name = ''
    times = name_times_by(first_name, last_name)
    print('{0} has {2} times by {1}'.format(last_name, times, first_name))
```

これは名が姓の何倍の長さかを教えてくれるプログラムです。ここまで進んできたあなたは一目で問題が発生することがわかってしまうことでしょう。今回は気付かなかったことにして実行してみてください。

```
/home/guest/venv/chapter10/bin/python /home/guest/python15h/chapter10/debug01.py
Traceback (most recent call last):
  File "/home/guest/python15h/chapter10/debug01.py", line 9, in <module>
    times = name_times_by(first_name, last_name)
  File "/home/guest/python15h/chapter10/debug01.py", line 4, in name_times_by
    return len(first_name) / len(last_name)
ZeroDivisionError: division by zero

Process finished with exit code 1
```

例外が発生してプログラムが異常終了しました。

トレースバックは、呼び出し元から関数やメソッドの呼び出しごとに、どのファイルの何行目、何の関数あるいはメソッドやモジュールの呼び出しがスタックしていったかを順に出力します。最終的には問題が発生した箇所まで表示され、その次に発生した例外が出力されています。今回の場合は、/home/guest/python15h/chapter10/debug01.pyの4行目のステートメントが例外を送出したということがわかります。

PyCharmの場合はトレースバックのファイル名に下線が引かれており、クリックすると該当箇所がエディタで開きます（**図10.1**）。

図10.1 トレースバック

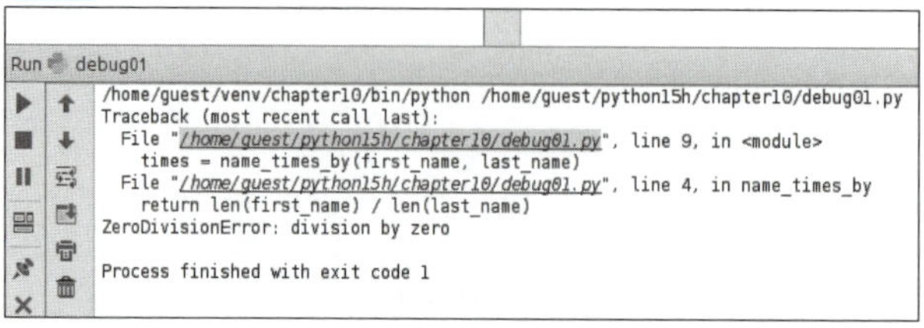

Run debug01
/home/guest/venv/chapter10/bin/python /home/guest/python15h/chapter10/debug01.py
Traceback (most recent call last):
File "/home/guest/python15h/chapter10/debug01.py", line 9, in <module>
times = name_times_by(first_name, last_name)
File "/home/guest/python15h/chapter10/debug01.py", line 4, in name_times_by
return len(first_name) / len(last_name)
ZeroDivisionError: division by zero
Process finished with exit code 1

10-3 ソースコードを静的に読むデバッグ

10-3-1　実装を確認しよう

PyCharmを使って、プログラムを追ってみましょう。

◆実装を確認しよう

PyCharmには、プログラム中に出てくるオブジェクトの実装を簡単に確認するためのデバッグ支援機能があります。実装を確認したい関数やメソッド、モジュールにカーソルを合わせて Ctrl ＋ Alt ＋ B を押すと、実装がプログラムエディタで開かれます。右クリックでコンテキストメニューを表示して［Go To］→［Implementation］を選択しても同じ動作になります（**図10.2**）。

図10.2 コンテキストメニュー

debug02.py
Copy Reference Ctrl+Alt+Shift+C
Paste Ctrl+V
Paste from History... Ctrl+Shift+V
Paste Simple Ctrl+Alt+Shift+V
Column Selection Mode Alt+Shift+Insert
Find Usages Alt+F7
Refactor
Folding
Go To
Generate... Alt+Insert
Create 'debug02'...
Run 'debug02' Ctrl+Shift+F10
Jump to Navigation Bar Alt+Home
Declaration Ctrl+B
Implementation(s) Ctrl+Alt+B
Super Method Ctrl+U

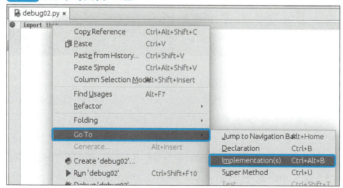

PyCharmのデバッグ支援機能では、プロジェクトで参照しているライブラリも参照できます。自分が書いたプログラム以外の実装も簡単に確認できるので、ライブラリに関して細かい動作がわからないときには実装を参照することも多いでしょう。

　試しに標準ライブラリの実装を見てみましょう。pythonには一風変わった「this」というモジュールがあります。thisをインポートすると、Pythonの禅と呼ばれる格言が出力されるというおかしなモジュールです。

　このthisモジュールの実装を見てみましょう。thisモジュールをインポートするだけのdebug02.pyを用意してあります（**リスト10.2**）。

リスト10.2 debug02.py

```
import this
```

　PyCharmでdebug02.pyを開き、まずは実行してみましょう。コンソールにPythonの禅が表示されます。

```
/home/guest/venv/chapter10/bin/python /home/guest/python15h/chapter10/debug02.py
The Zen of Python, by Tim Peters

Beautiful is better than ugly.
Explicit is better than implicit.
Simple is better than complex.
Complex is better than complicated.
Flat is better than nested.
Sparse is better than dense.
Readability counts.
Special cases aren't special enough to break the rules.
Although practicality beats purity.
Errors should never pass silently.
Unless explicitly silenced.
In the face of ambiguity, refuse the temptation to guess.
There should be one-- and preferably only one --obvious way to do it.
```

```
Although that way may not be obvious at first unless you're Dutch.
Now is better than never.
Although never is often better than *right* now.
If the implementation is hard to explain, it's a bad idea.
If the implementation is easy to explain, it may be a good idea.
Namespaces are one honking great idea -- let's do more of those!

Process finished with exit code 0
```

　Pythonの禅については拙著（共著）『パーフェクトPython』（技術評論社）で触れていますので、内容に興味が出てきたら手に取ってみてください。

　さて、thisにカーソルを合わせ、キーボードで Ctrl ＋ Alt ＋ B を押して実装に飛びましょう。実装のコードは掲載しないので、ぜひ手を動かしてみてみてください。

　このthisモジュールは少し変わり種ですが、どの言語でも標準ライブラリはそのプログラミング言語の書き方として参考になることの多い、よいコードの宝庫です。気になったときにはどんどん実装を確認していきましょう。ただし、C言語で実装が記述されているビルトイン関数や、実行時に実装の本体が確定するものなどは、PyCharmのデバッグ支援機能では実装にたどり着けません。実装を参照したけれども思ったものと違うという場合には、現時点ではそういった事情なのだと理解してください。

◆使われている箇所を確認しよう

　関数やメソッド、モジュールがプロジェクト内のどこで利用されているか確認することもできます。実装を確認したのと同様に、確認したい関数やメソッド、モジュールにカーソルを合わせて右クリックし、コンテキストメニューを開いて［Find Usages］を選択します（ショートカットの Alt ＋ F7 は、今回利用しているUbuntu Linuxでは別の特殊なショートカットに割り当てられています）。

　これで、「Find Usages」ペインがウィンドウ下部に開きます（図10.3）。プロジェクト内のどのファイルの何行目で使われているかが表示されており、確認したい箇所をダブルクリックするとエディタで該当箇所が開きます。

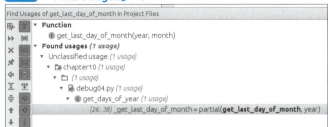

図10.3「Find Usages」ペイン

　実装を変更する際、影響範囲を確認するために頻繁に利用することになるでしょう。変更を加えようとしている機能を呼び出している箇所にテストがまだ書かれていないようであれば、変更を加える前にテストを書くとよいでしょう。

10-3-2　問題部分を特定して修正しよう

　今はまだプログラムの書き方や開発の仕方を学んでいる最中ですから、実装の参照や利用箇所の確認といったデバッグ支援機能を何に使うのかイメージがわかないかもしれません。今後、ソフトウェアの開発を続けていくと、数十万行以上のソフトウェアに関わることもありえます。このような規模では、ほんの少しの変更が全体に影響を及ぼす可能性があります。「Find Usages」を使って変更対象の機能が使われている箇所を確認していくことを怠ると、大変なことになるかもしれません。対象の呼び出し元の呼び出し元の……と数珠つなぎに見ていくことも必要になるでしょう。

　実装を確認することと使われている箇所を確認することはセットといってもよいくらい、実際の開発ではこれら2つのデバッグ支援機能を頻繁に利用することになります。

》 10-4　プログラムの挙動を動的に見るデバッグ

　プログラムを実行して変数などの状態を見ながら順次実行していくデバッグも可能です。Pythonは利用する実装が動的に決定されることも多く、静的にはどの実装が利用されるのかを定められないこともあります。

10-4-1　動的デバッグの手順

　静的デバッグで学んだ Ctrl + Alt + B を使って、os.pathモジュールを探って

10時間目 デバッグ

みましょう（**リスト10.3**）。

リスト10.3 debug03.py

```
import os

def get_document_directory():
    return os.path.join(os.path.expanduser('~'), 'Documents')

if __name__ == '__main__':
    print(get_document_directory())
```

「os.path.join」の「join」にカーソルを合わせて、Ctrl + Alt + B を押してみてください（または右クリックして［Go To］→［Implementation］）。

すると、「ntpath.py」というファイルがエディタペインに表示されます。表示されたntpath.pyのソースコードの一番上を見てみると、以下のように記述されています。

```
# Module 'ntpath' -- common operations on WinNT/Win95 pathnames
```

「WinNT/Win95」！？ UbuntuはWindowsではないのになぜでしょうか。

試しに動的デバッグをしてみましょう。エディタをdebug03.pyに戻し、「if __name__ == ...」の左側（エディタの左側の柱部分）をクリックすると、オレンジ色の丸が付きます（**図10.4**）。この丸は、「ブレークポイント」を表します。デバッグ実行時にブレークポイントまで処理が進むと、デバッグモードで処理が一時停止します。ブレークポイントの丸をクリックすると、ブレークポイントを解除できます。

図10.4 ブレークポイント

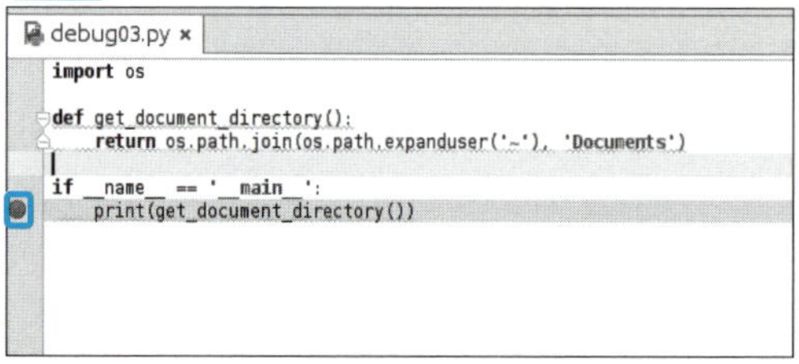

ウィンドウ左側のプロジェクトエクスプローラ上のファイルやエディタで右クリックをしてコンテキストメニューを表示し、「Debug 'debug03'」を選択するか（**図10.5**）、右上の虫マーク（**図10.6**）をクリックしてデバッグ実行を開始します。

図10.5 コンテキストメニュー

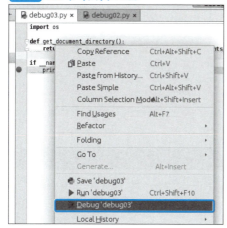

図10.6 デバッグボタン

実行開始して処理がブレークポイントまで進むと、自動的に処理が一時停止し、ウィンドウ下部にデバッグのペインが開きます（**図10.7**）。

図10.7 デバッグペイン

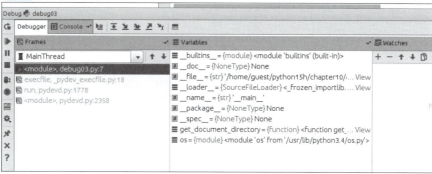

この画面にはたくさんの機能があります。デバッグペインの上部には、ステップ実行用のボタンが並んでいます（**図10.8**）。「ステップ実行」は、ブレークポイントで一時停止した処理をステップごとに実行していく機能です。関数等の呼び出しを追って

10時間目 デバッグ

どんどん奥に入っていく「ステップイン」と、現在の行を実行して次の行へ進む「ステップオーバー」を使うことが多いでしょう。デバッグペインの左の柱にある再生ボタンを押すと、次のブレークポイントまで一気に進みます。

図10.8 ステップ実行用ボタン

表10.1 ステップ実行

アイコン	ショートカット	意味
	Alt + F10	現在実行している箇所をエディタに表示する
	F8	ステップオーバー。現在の行を実行し、次の行へ進む
	F7	ステップイン。現在の行で実行される関数等の中へ進む
	Alt + Shift + F7	プロジェクト内の関数等へはステップイン、ライブラリの関数等の場合はステップオーバーする
	Shift + F8	ステップアウト。呼び出し元に戻るまで実行を続ける
	Alt + F9	カーソル位置まで実行を続ける

F7 を2回押すと、「os.path.expanduser」関数の中に入り、エディタにはposixpath.pyが開かれています（**図10.9**）。動的にロードするモジュールの実態が変わることのあるPythonでは、静的解析だけでは決定しきれないことがあり、実際に実行して初めて実装が確定することもあるのです。

図10.9 posixpath.pyが開かれた

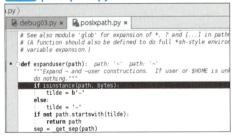

10-4-2　バグの原因を見つけよう

実際にバグが発生したときには、どのようにして原因を見つけていけばよいのでしょうか。指定された年の日数を返すプログラムを作ってみるようにと上司に言われたとしましょう。debug04.pyを開いてください（**リスト10.4**）。

リスト10.4 debug04.py

```
from functools import partial

last_days = [31, 28, 31, 30, 31, 30, 31, 31, 30, 31, 30, 31]

def get_last_day_of_month(year, month):
    """ 与えられた年と月の最終日を返します """
    if month == 2 and (year % 4) == 0:
        return 29
    else:
        return last_days[month-1]

def get_days_of_year(year):
    """ 与えられた年の日数を返します

    >>> get_days_of_year(1970)
    365
    >>> get_days_of_year(1972)
    366
    >>> get_days_of_year(2000)
    366
    >>> get_days_of_year(2015)
    365
    """
    _get_last_day_of_month = partial(get_last_day_of_month, year)
```

```
return sum(map(_get_last_day_of_month, range(1, 12+1)))
```

閏年の2月は29日あるので、4で割り切れる年の2月は29日を返すようにしました。なかなかよさそうに見えます。しかし、上司に2100年の日数が違うはずだよ、と言われてしまいました。

試しに実行してみることにしましょう。ファイルの末尾に2100年の日数取得のためのmainを付け加え、ブレークポイントを「get_days_of_year(2100)」の行に仕掛けて、早速デバッグ実行です。

```
if __name__ == '__main__':
    get_days_of_year(2100)
```

ステップインとステップオーバーを繰り返して、get_last_day_of_monthのmonthが2で呼ばれるまで処理を進めてみましょう。monthが2で呼ばれているかどうかはエディタにつど表示される「インラインデバッガー」(図10.10)か、デバッグペインの「Variables」(図10.11)を見ながら、ステップイン、ステップオーバーをしていくと便利でしょう。

図10.10 インラインデバッガー

図10.11 Variables

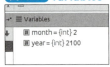

やはり、4で割り切れるのできちんと29を返しています。デバッグ実行で確認したし、問題ないはずです！と上司にくってかかる前に、閏年について確認してみましょう。実は閏年は「4で割り切れて、かつ100で割り切れない、ただし400で割り切れれば閏年」というプログラムの演習にぴったりのルールなのです。

> Column **Pythonと関数型プログラミング**
>
> 閏年に関するサンプルプログラムで、functoolsモジュールの「partial」関数を使っています。partial関数は関数の部分適用を行うためのもので、サンプルではget_last_day_of_monthというyearとmonthという2つの引数を受ける関数に、事前にyearだけ渡した状態にしています。
>
> こういった考え方は関数型プログラミングのものです。続く行のmap関数も、関数型プログラミングの考え方のものです。Pythonは手続き型プログラミング、オブジェクト指向プログラミング、関数型プログラミングといった複数の考え方を使える面白いプログラミング言語です。状況に応じて使い分けられるように、いろいろなプログラムを見たり書いたりして身に付けましょう。

10-4-3　バグの修正と確認

仕様が漏れていた（閏年に関する認識に漏れがあった）ので、漏れについてきちんとテストを記述しましょう。get_days_of_year関数のdoctestに、2100年を追加します。テストが正しく記述できたことを確認するために、機能の修正をする前にdoctestを実行します。想定どおりにテストに失敗することを確認するのは非常に重要です。問題があって修正するにもかかわらず、問題を確認できないテストを書いている可能性があるからです。

テストを実行してきちんと失敗することが確認できたら、get_last_day_of_month関数を書き直しましょう。条件が複雑になったのでそれが何を意味する条件なのか、誰がいつ見てもすぐにわかるように、閏年判定部分を別の関数に切り出して、閏年についての関数だとわかる関数名を付けました（**リスト10.5**）。

リスト10.5 debug05.py

```python
from functools import partial

last_days = [31, 28, 31, 30, 31, 30, 31, 31, 30, 31, 30, 31]

def is_leap_year(year):
    if year % 400 == 0:
        return True
```

```python
        if year % 100 == 0:
            return False
        if year % 4 == 0:
            return True
        return False

def get_last_day_of_month(year, month):
    """ 与えられた年と月の最終日を返します """
    if month == 2 and is_leap_year(year):
        return 29
    else:
        return last_days[month-1]

def get_days_of_year(year):
    """ 与えられた年の日数を返します

    >>> get_days_of_year(1970)
    365
    >>> get_days_of_year(1972)
    366
    >>> get_days_of_year(2000)
    366
    >>> get_days_of_year(2015)
    365
    >>> get_days_of_year(2100)
    365
    """
    _get_last_day_of_month = partial(get_last_day_of_month, year)
    return sum(map(_get_last_day_of_month, range(1, 12+1)))
```

```
if __name__ == '__main__':
    get_days_of_year(2100)
```

プログラムを修正したら再度テストを実行して、修正前は失敗していたテストが正常に通ることを確認します。

10-4-4　動作しているプログラムの状態を見てみよう

実際の状態を確認するために、プログラムによっては長いループを経る必要があることもあります。該当箇所にブレークポイントを仕掛けて、止まるたびに再生ボタンをクリックして……つい押しすぎて、最初からやり直しといった事態を筆者も何度も経験してきました。

◆条件付きブレークポイント

特定の状態になったときに初めて処理が一時停止する「条件付きブレークポイント」を使えば、確認したい状態まで面倒なく処理を進められます。

条件付きにしたいブレークポイントを右クリックすると、「Condition」の入力ができます（**図10.12**）。

図10.12 条件付きブレークポイント

「Condition」のフィールドに条件を入力して［Done］をクリックすると、条件付きブレークポイントが設定されます。ここでは2月について確認をするものとして、以下のように入力しましょう。

```
month == 2
```

この状態でデバッグ実行を始めると、該当の行まで処理がきた時点で処理が一時停

止します。条件付きブレークポイントを設定してステップインとステップオーバーを使うことで、2100年の2月には28が返されることが、素早く確認できます[注1]。

10-4-5　pdbを使ったデバッグ

　PyCharm は、起動しているコンピュータではない場所で動作中のプロセスにアタッチしてデバッグを行うことも可能です。しかし、現実には PyCharm を使わずにデバッグしたいという状況もあります。

　Python に付属している pdb モジュールでデバッグする方法を簡単に見ておきましょう。

　まず、Ubuntu のドックメニューにある terminal を起動します。

◆**VirtualEnv環境を有効にする**

　10時間目用の Python 環境を有効にします。次のコマンドを入力すると、10時間目用の Python がアクティブになります。

```
$ source ~/venv/chapter10/bin/activate
```

◆**スクリプトをデバッグ起動する**

　pdb モジュールを利用して、スクリプトを起動します。

```
$ cd ~/python15h/chapter10
$ python -m pdb debug05.py
> /home/guest/python15h/chapter10/debug05.py(1)<module>()
-> from functools import partial
(Pdb)
```

　「l」を入力すると、プログラムがリストされます。何度か続けると、debug05.py の最後まで表示されます。

```
(Pdb) l
  1  -> from functools import partial
```

注1）Pythonの標準ライブラリのcalendarモジュールには、指定した年月の最終日を返す関数があります。

```
  2
  3    last_days = [31, 28, 31, 30, 31, 30, 31, 31, 30, 31, 30, 31]
  4
  5
  6    def is_leap_year(year):
  7        if year % 400 == 0:
  8            return True
  9        if year % 100 == 0:
 10            return False
 11        if year % 4 == 0:
```
(Pdb) l
```
 12            return True
 13        return False
 14
 15
 16    def get_last_day_of_month(year, month):
 17        """ 与えられた年と月の最終日を返します """
 18        if month == 2 and is_leap_year(year):
 19            return 29
 20        else:
 21            return last_days[month-1]
 22
```
(Pdb) l
```
 23
 24    def get_days_of_year(year):
 25        """ 与えられた年の日数を返します
 26
 27        >>> get_days_of_year(1970)
 28        365
 29        >>> get_days_of_year(1972)
```

```
30          366
31          >>> get_days_of_year(2000)
32          366
33          >>> get_days_of_year(2015)
(Pdb) l
34          365
35          >>> get_days_of_year(2100)
36          365
37          """
38          _get_last_day_of_month = partial(get_last_day_of_month, year)
39          return sum(map(_get_last_day_of_month, range(1, 12+1)))
40
41      if __name__ == '__main__':
42          get_days_of_year(2100)
[EOF]
```

42行目にブレークポイントを仕掛けましょう。ブレークポイントは「b 行数」で指定します（関数名でも可能です。bは「break」の省略形です）。ブレークポイントまで処理を進めるには、「c」を入力します（cを入力してエンターキー。cは「continue」の省略形です）。

```
(Pdb) b 42
Breakpoint 1 at /home/guest/python15h/chapter10/debug05.py:42
(Pdb) c
> /home/guest/python15h/chapter10/debug05.py(42)<module>()
-> get_days_of_year(2100)
```

ステップインは「s」(step)、ステップオーバーは「n」(next)、ステップアウトは「r」(retern) で指示できます。現在の変数の状態を出力させるには「p」(print) か「pp」(pretty print)、現在の関数の引数を出力させるには「a」(args) を使います。

```
(Pdb) s
```

```
--Call--
> /home/guest/python15h/chapter10/debug05.py(24)get_days_of_year()
-> def get_days_of_year(year):
(Pdb) p year
2100
(Pdb) s
> /home/guest/python15h/chapter10/debug05.py(38)get_days_of_year()
-> _get_last_day_of_month = partial(get_last_day_of_month, year)
(Pdb) s
> /home/guest/python15h/chapter10/debug05.py(39)get_days_of_year()
-> return sum(map(_get_last_day_of_month, range(1, 12+1)))
(Pdb) s
--Call--
> /home/guest/python15h/chapter10/debug05.py(16)get_last_day_of_month()
-> def get_last_day_of_month(year, month):
(Pdb) p month
1
(Pdb) a
year = 2100
month = 1
```

ステップ実行中に「l」を入力すると、現在の実行行周辺が表示されます。

```
(Pdb) l
 13         return False
 14
 15
 16     def get_last_day_of_month(year, month):
 17         """ 与えられた年と月の最終日を返します """
 18  ->     if month == 2 and is_leap_year(year):
 19             return 29
```

```
 20         else:
 21             return last_days[month-1]
 22
 23
(Pdb)
```

「?」でコマンド一覧が表示されます。

```
(Pdb) ?

Documented commands (type help <topic>):
========================================
EOF    c         d         h         list      q         rv        undisplay
a      cl        debug     help      ll        quit      s         unt
alias  clear     disable   ignore    longlist  r         source    until
args   commands  display   interact  n         restart   step      up
b      condition down      j         next      return    tbreak    w
break  cont      enable    jump      p         retval    u         whatis
bt     continue  exit      l         pp        run       unalias   where

Miscellaneous help topics:
==========================
pdb  exec
```

「?」に続いてコマンドを入力すると、コマンドの説明が表示されます。

```
(Pdb) ? w
w(here)
        Print a stack trace, with the most recent frame at the bottom.
        An arrow indicates the "current frame", which determines the
        context of most commands. 'bt' is an alias for this command.
```

「q」(quit) でデバッガを抜けます（プログラムを終了します）。

```
(Pdb) q
```

pdbモジュールを使ったデバッグはすぐには必要ないかもしれませんが、pdbモジュールを使えば、PyCharmがなくても動的デバッグをできることを覚えておきましょう。

確認テスト

Q1 自動テストはなぜ重要なのでしょうか。

Q2 バグ報告の際に気を付けることは何でしたか。

Q3 **PyCharm**を使ったデバッグと**pdb**を使ったデバッグをできるようにしておきましょう。

11時間目 Webアプリケーション

Webアプリケーションは、インターネットの普及に伴い重要性を増している仕組みです。Webアプリケーションは複数のテクノロジーを組み合わせて実現されており、それぞれがどの部分を担っているのか理解しておくことで、開発の速度が上がります。インターネットを活用したソフトウェア開発全般に必要な知識なので、落ち着いて見ていきましょう。

今回のゴール

・Webアプリケーションと呼ばれるものをイメージできる
・Webアプリケーションの動作をイメージできる
・HTTPプロトコルをおおまかに説明できる

》 11-1 Webアプリケーション

11-1-1 何がWebアプリケーションなのか?

「Webアプリケーション」と聞いて何をイメージするでしょうか。大手検索サイトやネットバンキング、学校や企業のホームページ、さらにはソーシャルゲームや経路案内、と例を挙げればきりがありませんね。今までインターネットと呼んできたものがWebアプリケーションであることを意識すると、いろいろな機能を持った見た目や操作方法もさまざまなものがあることを認識できることでしょう。

「www.example.com」のような文字列を見たことがありますよね。www.example.comの「www」はWorld Wide Webを表しており、Webアプリケーションの「Web」はWorld Wide WebのWebのことなのです。

World Wide Webは、インターネット上の各ページから別のページへのリンクが蜘蛛の巣状に見える(実際は見えませんが)ことから命名されました。Webの始まった

頃は、あらかじめ作成されたテキスト情報のみをやり取りしていましたが、そのうちに画像などが扱えるようになり、要求に対して動的に情報を生成して返すこともできるようになり、と進化を続けてきました。この動的に情報を生成して返すという部分が、11時間目以降に取り扱う内容です。

　本書を読み終える頃には、今まではWebアプリケーションを使う側として特に意識していなかった仕組みについて、ぼんやりとわかるようになっていることでしょう。最初は少し難しいと感じるネットワークについても、開発をしていく中で体感をしていくうちにわかるようになっていきます。今完全に理解できなくても慌てることはありません。ネットワークを意識したときに、改めて学習するためのとっかかり程度に考えておいてください。

11-1-2　Webアプリケーションはどう動くのか?

　Webには、情報を持っている「サーバ」と、情報をもらって利用する「クライアント」という2種類の登場人物がいます。このサーバを「Webサーバ」と呼び、主なクライアントを「Webブラウザ」と呼びます。代表的なWebサーバには、IIS（Internet Information Server）やApache、nginxなどがあります。Webブラウザには、Internet Explorer、Safari、Chrome、Firefoxといったものがあります。「主なクライアント」と限定したのは、Webブラウザに限らずさまざまな利用方法があるからです。

　あらかじめ書かれて保存されている文書の閲覧のみではなく、使う人に便利な機能をWebブラウザを通じて提供するもののことを、「Webアプリケーション」と呼びます。多くの場合、Webブラウザからの要求に従って、プログラムで応答内容を生成して返します。クライアントからくるいろいろな要求にあらかじめすべて静的に応答を用意しておくことは現実的ではないので、要求に従って動的に応答を生成して返すようになっています。本書の読者が主に開発するのは、このプログラムの部分でしょう。

　仕組みを知らないうちはすごく難しいことと恐れてしまうかもしれません。実際、Webアプリケーションの開発には難しい部分もありますが、Webアプリケーション自体の仕組みを知っておけば、難しいのは提供するアプリケーション側のことだとわかるでしょう。

11-2 Webアプリケーション開発の基本

11-2-1 クライアントとブラウザ

では、実際にクライアントはどのような処理を行っているのか見ていきましょう。Webブラウザのロケーションバーに「http://gihyo.jp」と入力をしてエンターキーを押すと、技術評論社のサイトが表示されます。いつもやっているし、当然そうなることはわかっているでしょうが、なぜきちんと表示されるのでしょうか。

そもそも「http://gihyo.jp」は何を表しているのでしょうか。これだけの文字数にもかかわらず、意味と背後で行われているものは少し複雑です。

「http://gihyo.jp」のような文字列を、「URL（Uniform Resource Locator）」と呼びます。これはインターネット上の位置を指し示す文字列です。URLは以下の複数の意味を組み合わせたものです（図11.1）。

図11.1 URLの構成

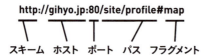

スキームには、httpやhttps、ftpやfileといったスキーム名が入ります。スキーム以降はスキームごとに決められた形式が続きますが、httpやhttpsの場合には図11.1のような形式になります。ポートは、スキームのデフォルトを使う場合には省略できます。httpの場合は80、httpsの場合は443がデフォルトのポート番号です。

◆ホスト名とDNS

スキームがhttpあるいはhttpsの場合は、次にホストを表す文字列が続きます。さて、ホストのベースとなる「インターネットドメイン名」（以下、ドメイン名）は、世界で数億種類が登録済みです。Webブラウザはどのようにしてホストを探すのでしょうか。

Webブラウザは、動作しているOSの名前解決機構を通して、たいていの場合には「DNS」（Domain Name System）という仕組みを用いてホスト名から対象のIPアドレスを割り出します。割り出すといっても、ドメイン名は世界に数億種類が登録されており、また、ドメイン名には複数のホストが属していることがあります。世界中のコンピュータがさまざまな名前の解決を依頼してくることでしょう。すべての名前とIPアドレスの対応を持っているサーバがあったとして、果たして応答しきれるでしょ

うか。また、日々大量の登録依頼がある中、サーバの管理をしきれるでしょうか。

実はドメイン名はピリオドで区切られた部分に意味があります。図11.2はドメイン名のツリー構造を表したものです。

図11.2 ドメインツリー

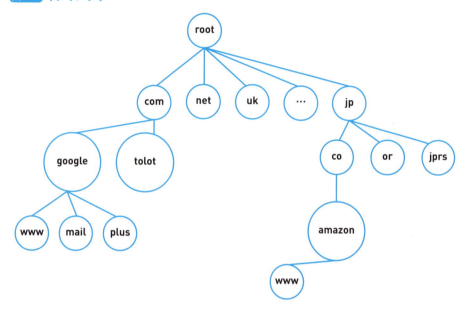

rootの直下にある「com」などのことを「TLD(Top Level Domain)」と呼びます。TLDの下にcoやorが挟まるタイプと、comのように組織やサービス等の名前が直接続くタイプがあります。TLDから名前までの部分を「ドメイン名」と呼びます。さらに、ドメイン名より下位には種類を表すホスト名が連なることがあります。ホストを表す部分までを含んだ完全な名前を「FQDN(Fully Qualified Domain Name、完全修飾ドメイン名)」と呼びます。

DNSを利用してホストを探し出すことを、「名前解決（正引き）」と呼びます。名前解決を要求するクライアントを「DNSクライアント」、パソコンやサーバに設定してある直上（一番近く）のDNSサーバのことを「キャッシュサーバ」と呼びます。名前解決の仕組みは、簡単に説明すると次のように行われます。

❶ DNSクライアントはキャッシュサーバに問い合わせを行う
❷ キャッシュサーバは、自分の知らないドメインに関する問い合わせはrootのDNSサーバに問い合わせを行う
❸ rootのDNSサーバは、TLDの担当DNSサーバを知らせる

❹ キャッシュサーバはTLDの担当DNSサーバに問い合わせを行う
❺ TLDの担当DNSサーバはドメインを管理しているDNSサーバを教える
❻ キャッシュサーバは該当ドメインの管理DNSサーバに問い合わせを行う
❼ ドメインを管理しているDNSサーバはホストのIPアドレスを教える

　Webアプリケーションは同じキャッシュサーバを使っている別の人も使うことが多く、また、Webアプリケーションの操作中は何度も同じホストに接続することになります。そのつど問い合わせに行ってはたいていの場合無駄になりますし、かといってずっとサーバが同じIPアドレスのままである保証もありません。その解決のために、DNSは一度問い合わせて入手した情報をどのくらいの期間再利用してよいかという「TTL（Time To Live）」という仕組みを持っています。その間はキャッシュを利用して負荷を軽減でき、また指定された期間を経過した後には再度最新の情報を取得しにくくことで変化にも強いというバランスのとれた仕組みです。

　名前を解決する仕組みはOSごとにDNSを用いる以外の方法もあります。その1つに「hostsファイル」というものがあります。これは非常に単純な仕組みで、ホスト名とIPアドレスの組み合わせを一覧にしたものです。hostsファイルはWindowsにもOS XにもLinuxにもあります。hostsファイルは開発する際によく利用するので、記法を覚えておくとよいでしょう。Linuxの場合は「/etc/hosts」であることが多いので、付録の仮想環境に入っているものを見てみましょう（**リスト11.1**）。

リスト11.1 /etc/hosts

```
127.0.0.1	localhost
127.0.1.1	ubuntu

# The following lines are desirable for IPv6 capable hosts
::1		ip6-localhost ip6-loopback
fe00::0		ip6-localnet
ff00::0		ip6-mcastprefix
ff02::1		ip6-allnodes
ff02::2		ip6-allrouters
```

　記法は左にIPアドレス、空白を空けて右にFQDNを書きます。ここに登場する「localhost」は特殊な名前で、通常は「127.0.0.1」という「ループバックアドレス」が設定されています。ループバックアドレスは自分自身のネットワークインタフェース

を意味しており、ループバックアドレス宛ての通信は自分自身が受信します。開発時に頻出しますので、localhostと127.0.0.1の意味は覚えておいてください。hostsファイルの後半の記述はIPv6という新しいバージョンについての設定なので、今は無視しておいてかまいません。

◆IPアドレス

先ほど説明したとおり、名前解決はFQDNからIPアドレスを導き出すものでした。ではこの「IPアドレス」とは何でしょうか。

IPアドレスは、hostsファイルの説明に登場した「127.0.0.1」といったドットで区切られた4つの数字のことをいいます。ドットで区切られた4つの数字は「IPv4」という種類のIPアドレスです。32ビット分あるので、42億通り以上を表せますが、インターネットの普及により各地域で枯渇する問題が発生しています。地域で、というのはまとまったブロックごとに世界のそれぞれの地域を管理している団体へ割り振っているためです。今後はもう少し複雑な128ビットのIPv6に移行していく予定ですが、まだしばらくはIPv4が使われるでしょう。ここではIPv4に基づいて説明します。

IPアドレスは、8ビットずつに区切られた数字です。ネットワーク部とホスト部の分け方によってクラスA〜Eまでに分かれます。通常利用されるクラスAからクラスCは**表11.1**のように定義されています[注1]。

表11.1 IPアドレスのクラス

クラス	アドレスの範囲	ネットワーク部＋ホスト部
クラスA	0.0.0.0〜127.255.255.255	8ビット＋24ビット
クラスB	128.0.0.0〜191.255.255.255	16ビット＋16ビット
クラスC	192.0.0.0〜223.255.255.255	24ビット＋8ビット

アドレスの範囲で数えられるネットワーク部のうち、最初と最後のネットワークアドレスは通常と違う用途として予約されていて利用できません。例えばクラスAの場合は、0.0.0.0と127.0.0.0のネットワークが予約済みです。127.0.0.0のネットワークを使ったIPアドレスはすでに目にしていますよね。

また、各ネットワークのホスト部のビットがすべて0のアドレスをネットワークアドレス、すべて1のアドレスをブロードキャストアドレスと呼び、ホストに割り当てることはできません。

注1) クラスDとクラスEはネットワーク部とホスト部という関係では表せない用途に利用されるため、ここでは説明しません。

このままでは理解が難しいので、どういうことかビットで考えてみましょう。

図11.3 IPアドレスとビット

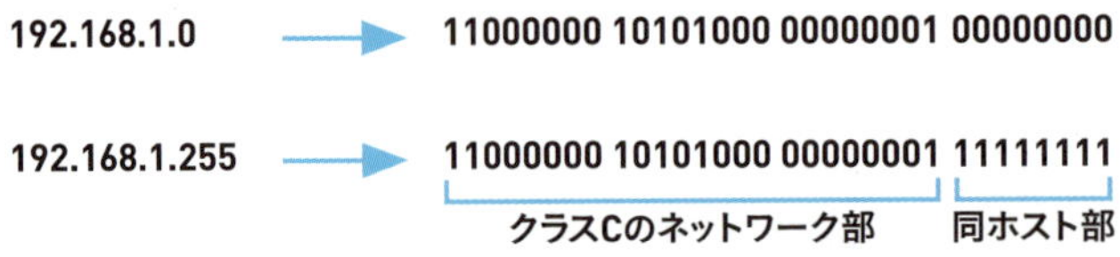

```
192.168.1.0    →   11000000 10101000 00000001 00000000

192.168.1.255  →   11000000 10101000 00000001 11111111
                   └─────クラスCのネットワーク部─────┘ └同ホスト部┘
```

　IPv4の32ビットを8ビットずつ2進数で表記してみました（**図11.3**）。最初の8ビットを第1オクテット、次の8ビットを第2オクテットというように第4オクテットまであり、192で始まるアドレスはクラスCなので第3オクテットまでがネットワーク部、第4オクテットがホスト部です。

　例のようにホスト部がすべて0の状態を「ネットワークアドレス」、すべて1の状態を「ブロードキャストアドレス」と呼びます。ブロードキャストアドレスはすべてのホストを表し、例えばブロードキャストアドレス宛てに「ping」というコマンドで呼びかけると、同一ネットワーク上のすべてのアドレスに呼びかけたのと同じ効果を得られます。ただし、むやみにブロードキャストアドレスにpingを実行することはネットワーク負荷の増大を引き起こすため、ブロードキャストアドレスへのpingは特定のオプション付きでのみ動作します。

◆サブネットマスクとCIDR

　ネットワークにはクラスがあり、それぞれ1～3オクテット部分がネットワークアドレスを指すことがわかりました。クラスAのネットワークは約1,600万のホストを、クラスBのネットワークは約6万5千のホストを、クラスCのネットワークは254のホストを設定できます。クラスの種類が少ないことから、柔軟なネットワーク設計を行えない場面がありました。そこで、ネットワークアドレスのビットをクラスで定義されたものに制限されずにネットワークを定義する「CIDR（Classless Inter-Domain Routing、サイダー）」が規格化されました。

　例えば、ビジネス用インターネット回線にはIPアドレス16個付きといったプランがあります。話がずれますが、IP16個付きの場合、実際に自由な用途に利用できるのは通常13個です。ここまでの説明だと14個使えそうな気がしますよね。気になったら理由を各社の説明文から探してみましょう。

　閑話休題。ホスト部が16通りあればよいので、2×2×2×2で4ビット分がホスト部、32マイナス4で28ビット分がネットワーク部となればよさそうです。この28ビット分がネットワーク部であることを表す表記は「サブネットマスク」と呼ばれ、ネットワーク部が28ビットの場合にはサブネットマスクは「255.255.255.240」と表されます（2進数で表すと、4オクテット目の上位4ビットが1で下位4ビットが0なので240）。

CIDRでは、先頭から何ビット分がネットワークアドレスなのかを末尾に記すことでネットワークを表現します。例えば「192.168.1.0/24」をホスト16個ずつのネットワークに分割すると、以下の16個のCIDRに分割できます。

```
192.168.1.0/28
192.168.1.16/28
192.168.1.32/28
192.168.1.48/28
192.168.1.64/28
192.168.1.80/28
192.168.1.96/28
192.168.1.112/28
192.168.1.128/28
192.168.1.144/28
192.168.1.160/28
192.168.1.176/28
192.168.1.192/28
192.168.1.208/28
192.168.1.224/28
192.168.1.240/28
```

逆に、ホストを500個扱いたい場合には、23ビットマスクにすればよさそうです。その場合、「192.168.0.0/23」となり、「192.168.1.0/23」のネットワークアドレスは存在しません。なぜでしょうか？ ネットワークアドレスはネットワークアドレス部がすべて1、ホスト部がすべて0のものということを思い出してください。

IPアドレスの通信には、「ルーター」と呼ばれる、異なるネットワーク間をまたがることのできるネットワーク機器が活躍します。IPアドレスを用いた通信は、どのCIDR宛ての通信はどこのルーターへ依頼すればよいのか、知らないCIDR宛ての場合はどこのルーターに依頼すればよいのかというルーターの設定に基づいて、たらい回しに通信をしていくことで実現しています。

◆プライベートIPアドレス

前述したように、IPアドレスは最大で32ビット分しかなく、世界中のインターネッ

トに接続するコンピュータにそれぞれ割り当てていてはすでに無理があります。IPアドレスはクラスごとに「プライベートIPアドレス」という自由に使ってよい範囲が設けられており、閉じたネットワーク（例えば会社のLAN）ではこのプライベートIPアドレスを用いることができます。

　クラスAの場合には「10.0.0.0/8」、クラスBの場合には「172.16.0.0/12」、クラスCの場合には「192.168.0.0/16」をプライベートIPアドレスとして利用してよいことになっています。　先ほどの例のように、「192.168.0.0/16」のネットワークのうちのいずれかを24ビットマスクで利用することが開発では多いでしょう（サブネットマスクによるネットワークの分割を思い出してください）。家庭でブロードバンドルーターと呼ばれる機械を通じてインターネットを利用している場合は、パソコンのIPアドレスはプライベートIPアドレスになっていることでしょう。プライベートIPアドレスとはいっても、同一LAN内でIPアドレスが重複すると問題が起こります。開発用に使ってよいIPアドレスをシステム管理者に確認するようにしましょう。

　プライベートIPアドレスからの通信がインターネットに出て行き、どのように戻ってくるのかについては、あまり開発には関わらないので本書では説明を省きます。「NAT」という仕組みを用いて送信元のIPアドレスを変換しながら通信が成立している、とだけ言っておきましょう。

◆URLとURI

　URLには、上位概念として「URI(Uniform Resource Identifier)」というものがあります。URIはリソースを一意に指し示す概念で、URLは具象化されたものという扱いです。

11-2-2　サーバ

　ここまでの説明で、「http://gihyo.jp」というドメイン名からIPアドレスへの変換を行い、サーバの場所へ通信ができる理由までわかりました。

　次に、httpのデフォルトポート80番について見ていきましょう。「ポート」は、IPアドレスを持っているサーバ機（OS）上で起動しているどのサービスへ接続するのかを振り分けるために利用されます。httpスキーム用のサーバであるWebサーバは通常、80番のポートで「ソケット」というものを開いて待ち受けています。クライアントからサーバへ80番で通信がやってくると、OSはWebサーバへと通信をつなぎます。同時に複数のクライアントと通信できるサーバの場合は、80番でクライアントからの接続を受けた後すぐに別のポート番号につなぎ替えて再び80番は待ち受けに戻します。

　ポート番号は0番から65535番まであります（**表11.2**）。ポート番号0から1023番までを「特権ポート（well-known ports、よく知られているポート）」と呼び、決めら

れたアプリケーションに使われています。本書で利用しているUbuntuのようなUnix系のOSでは、特権ポートで待ち受けるサーバを起動する際にはOSの管理者権限が必要です。

ポート番号1024から49151番までを「予約済みポート（Registered Ports）」、49152から65535番までを「動的・私用ポート（Dynamic and/or Private Ports）」と呼びます。これは「IANA（Internet Assigned Numbers Authority）」というIPアドレスやポート番号といったインターネットに関連する番号を管理している組織によって定義されている範囲ですが、実際の範囲はOSによって異なります。

動的・私用ポートは「エフェメラルポート（短命ポート）」として利用され、先ほど80番で待ち受けていたものをつなぎ替える先や、クライアント側のポートとして利用されます。サーバの80番ポートに接続に行きますが、クライアント側のポートは80番は使わないのです。同一のマシン上で同じポートは同時に使えないので、もしクライアント側も80番を使う必要があると、Webサーバが起動しているとWebブラウザを使えなくなってしまいます。実際はWebブラウザは同時に複数の接続を使ってデータのやり取りをしていますが、それはエフェメラルポートを複数使っているから可能なのです。

表11.2 ポートの範囲

ポート番号	種類	用途
0〜1023	特権ポート	よく使われるサービス用のポート
1024〜49151	予約済みポート	IANAに登録済みのポート
49152〜65535	動的・私用ポート	エフェメラルポート、自由に使えるポート

11-2-3 リクエストとレスポンス

WebブラウザがWebサーバへつながる仕組みを一通り見てきたところで、いよいよ通信を確認してみましょう。

terminalを開き、「telnet」というコマンドでgihyo.jpに80番ポートで接続してみます。

画面左のドック一番上にある「Search your computer and online sources」のアイコンをクリックし、検索窓に「terminal」と入力すると、terminalのアプリケーションアイコンが表示されるので、これをクリックします（**図11.4**）。

図11.4 terminalを検索

telnetは指定したホストと対話式に通信するソフトウェアですが、ポートを指定することでさまざまなサービスとやり取りできます。

書式

```
telnet <ホスト名> <ポート番号>
```

スキームhttpのバージョン1.0プロトコルで「http://gihyo.jp/」へアクセスするには、terminalで以下のように入力します。

```
$ telnet gihyo.jp 80
Trying 49.212.34.191...
Connected to gihyo.jp.
Escape character is '^]'.
GET / HTTP/1.0        ←これを入力してエンターキーを2回押す
（空行）
```

接続すると入力待ちになるので、「GET / HTTP/1.0」と入力してエンターキーを2回押します。すると、サーバからの応答が返ってきます（長いので省略しています）。

```
HTTP/1.1 200 OK
Server: nginx
... 省略
X-XSS-Protection: 1; mode=block
（空行）
<!DOCTYPE html>
<html xmlns="http://www.w3.org/1999/xhtml"
```

```
xmlns:og="http://opengraphprotocol.org/schema/" ↵
xmlns:fb="http://www.facebook.com/2008/fbml" xml:lang="ja" lang="ja">
<head>
<meta http-equiv="Content-Type" content="text/html; charset=UTF-8" />
... 省略
```

この流れが、クライアントからサーバへのリクエストと、サーバからクライアントへのレスポンスです。ここではgihyo.jpのWebサーバへHTTP/1.0のGETリクエストを送信し、gihyo.jpのWebサーバはHTTP/1.1でレスポンスを返しています。

◆**HTTPリクエスト**

HTTPリクエストは**図11.5**のような構造のテキスト情報です。

図11.5 HTTPリクエスト

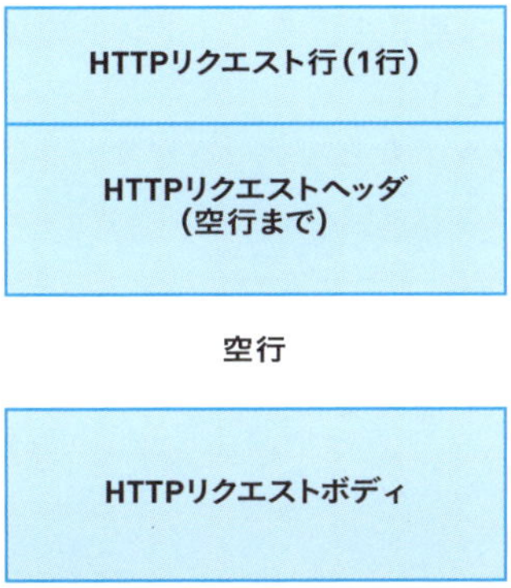

- HTTPリクエスト行（1行）
- HTTPリクエストヘッダ（空行まで）
- 空行
- HTTPリクエストボディ

HTTPリクエスト行は、メソッド、パス、HTTPのバージョンを指定しています。

書式

HTTP メソッド パス HTTP/ バージョン

「HTTPメソッド」は用途別にいろいろな種類が用意されています（**表11.3**）。

表11.3 主なHTTPメソッド

メソッド	用途
HEAD	ヘッダのみ取得する際に利用する
GET	リソースを取得する際に利用する
POST	データを送信する際に利用する
PUT	リソースを配置する際に利用する
DELETE	リソースを削除する際に利用する

ただし、現時点ではHTMLのform要素で利用できるHTTPメソッドはGETとPOSTのみなので、多くの場合はそのGETとPOSTが使われます（JavaScriptという技術を利用すると、PUTやDELETEも利用できます）。

「パス」は、要求するサーバ上のリソースの場所を示します。

「HTTPのバージョン」は、現在主に使われているのは1.1です。2015年5月にHTTP/2がRFC 7540として文書化されましたが、普及にはしばらくかかるでしょう。

「HTTPリクエストヘッダ」は「キー: 値」の形式で、クライアントの種類や受信可能な文字種等をサーバに知らせるためのものです。

「HTTPリクエストボディ」は、POSTメソッドなどでデータをサーバに送る際に利用します。

◆**HTTPレスポンス**

HTTPレスポンスは図11.6のようなテキスト情報です。

図11.6 HTTPレスポンス

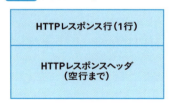

HTTPレスポンス行はメソッド、パス、HTTPのバージョンを指定しています。

> **書式**
>
> HTTP/バージョン ステータスコード メッセージ

「HTTP/バージョン」はHTTPリクエストと同じです。

「ステータスコード」は3桁の数字で、100番台、200番台、300番台、400番台、500番台で大まかに分かれています（**表11.4**）。

表11.4 HTTPステータスコード

番号	内容
100番台	結果ではなく、状況の返答で用いる
200番台	成功した場合に用いる
300番台	リダイレクト（別の場所を指し示す）場合に用いる
400番台	クライアント側に問題があるエラーに用いる
500番台	サーバ側に問題があるエラーに用いる

ステータスコードのうち、頻繁に目にするので覚えておいたほうがよいものを**表11.5**に取り上げておきます。

表11.5 よく目にするHTTPステータスコード

ステータスコードとメッセージ	内容
200 OK	成功した
301 Moved Permanently	恒久的にURLが変わっており、別の場所に再度リクエストを送信するよう求める
302 Found	一時的にURLが変わっており、別の場所に再度リクエストを送信するよう求める
304 Not Modified	指定日時から変更されていない（HTTPリクエストヘッダと組み合わせる）
400 Bad Request	クライアントが不正なHTTPリクエストを行った
401 Unauthorized	認証が必要
403 Forbidden	アクセスが禁止されている
404 Not Found	リソースが見つからなかった
500 Internal Server Error	サーバの内部処理でエラーが発生した
503 Service Unavailable	サーバが一時的に利用できない

「HTTPレスポンスヘッダ」は、HTTPリクエストヘッダと同様に「キー: 値」の形式でサーバの種類や返却する内容の条件等をサーバからクライアントに知らせるためのものです。

「HTTPレスポンスボディ」は返却する内容の本体です。

Column　HTTP/1.0と1.1、HTTP/2

HTTP/1.0、HTTP/1.1、HTTP/2とさまざまな改良が加えられてきましたが、HTTP/1.0とHTTP/1.1の大きな違いは、仮想ホストへの対応と持続接続です。

- **仮想ホスト**
  HTTP/1.1では、相手のサーバ名を指定する「Host」というヘッダが必須になりました。接続時にホスト名（FQDN）を指定して接続しているじゃないか、と思われたら、再度URLへの接続の流れを復習してください。HTTPリクエストにHost名の指定があることで、同一IPアドレスで複数のFQDNのWebサーバを扱えるようになったのです（今覚える必要はありませんが、「Name Based Virtual Host」というものです。それまではIPアドレス1つごとにWebサーバを1つしか公開できませんでした）。

- **持続接続**
  HTTP/1.0では1回のHTTPリクエストが終わると通信が切断され、続いて別のリソースを取得する際には再度通信を確立する必要がありました。HTTP/1.1では「Connection」ヘッダを用いて、通信接続の維持をしたまま次のHTTPリクエストを送信できるようになりました。

  HTTP/2は今まで見てきたテキストベースのリクエストではなくなります。また、これまで持続接続は通信接続の維持だけでしたが、HTTP/2ではHTTPプロトコル自体が連続したHTTPリクエストに対応し、HTTPリクエストヘッダを2度目以降は省略できる等の効率化が図られています。

11-2-4　HTML

先ほどgihyo.jpへtelnetで接続してHTTPプロトコルの確認をした際に、HTTPレスポンスボディとしてWebサーバが返してきたものは何でしょうか。記号やアルファベットがたくさん含まれている中に、Webブラウザで表示したときと同じ日本語の文章も含まれていたことに気付きましたか？　あのHTTPレスポンスボディの内容こそが、「HTML（Hyper Text Markup Language）」です。マークアップ（markup）と

いう名前のとおり、内容に意味や表示方法をマークアップするもので、その指示に従ってWebブラウザが表示を行っています。

現在一般向けに公開されているWebサイトのHTMLは詳細にマークアップされており、また複数種類のWebブラウザの微妙なレンダリングの違いに対処しているため、とても難しそうに見えますが、簡易に構造を表すと次のようなものです。

```html
<html>
  <head>
    <title>15時間で覚えるPython</title>
  </head>
  <body>
    原始的なHTML
  </body>
</html>
```

特徴的なのは、マークアップ部分が大なり小なりの記号（<>）で表されていることです。この大なり小なりで括られたマークアップを「タグ」と呼びます。開始タグと終了タグで挟まれた部分がマークアップに影響を受ける範囲です。終了タグはタグ名の前にスラッシュ（「/」）を付けます。

一番単純なHTMLは、htmlタグの中にbodyタグと内容が書かれているだけのものとなるでしょう。WebアプリケーションはこのHTMLをプログラムから動的に生成します。

◆リンクを使う

HTMLの主な機能の1つとして、aタグ（アンカータグ）を用いて別のページやサイトへ簡単に移動できる「リンク」があります（図11.7）。

図11.7 リンク

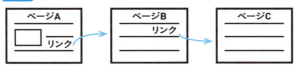

PyCharmにはHTMLの作成支援機能もあるので、PyCharmで試してみましょう。

PyCharmを起動したら、プロジェクトを右クリックしてコンテキストメニューを表示し、［New］→［HTML］を選択します。HTMLの作成ダイアログが開くので、

Nameの欄に「index.html」と入力して［OK］をクリックします。

エディタが開いたら、いったん内容をすべて消してから、**リスト11.2**のHTMLを記述してみましょう。タグの名前を途中まで入力すると、候補が提示されます。また、閉じタグの「</」を打つと対応する開始タグを閉じる適切なタグが自動で入力されるので、この自動補完に慣れてしまいましょう。

リスト11.2 index.html

```
<html>
  <head><title> 初めてのリンク </title></head>
  <body>
    <a href="http://gihyo.jp"> 技術評論社のサイトへ </a> リンクします。
  </body>
</html>
```

入力したHTMLを保存したら、いったんマウスカーソルをHTMLエディタ以外の場所に持っていき、再度HTMLエディタ上に持っていくと現れるWebブラウザ一覧（**図11.8**）からアイコンをクリックするか、HTMLエディタで右クリックして出てくるコンテキストエディタにある「Open in Browser」を使ってWebブラウザで開いてみましょう（**図11.9**）。

図11.8 HTMLエディタに表示されるWebブラウザ一覧

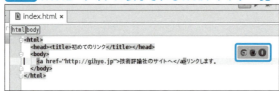

図11.9 Open in Browser

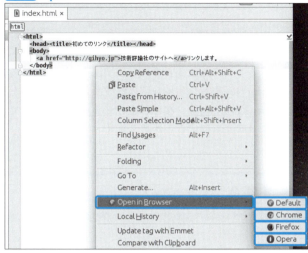

Webブラウザに「技術評論社のサイトへリンクします。」という文字が表示されました（図11.10）。

図11.10 Webブラウザで表示

リンク（下線のひかれている部分）をクリックしてみましょう。技術評論社のページが表示されましたね？

続いて、先ほどのHTMLのaタグを少し書き換えてみます。

```
<a href"http://gihyo.jp" target="_blank">
```

先ほどと同じようにしてリンクをクリックしてみましょう。今度はWebブラウザのウィンドウが別に開き、技術評論社のページが表示されました。hrefやtargetのようにタグの設定をするものを「属性」と呼びます。

11-2-5　HTML以外のレスポンス

　Webブラウザの進化やHTTPの扱いやすさにより、WebアプリケーションはHTML以外にもさまざまなデータを生成して返すことに利用されています。

　Webブラウザ上で動作するJavaScript自身やJavaScriptのデータ形式である「json（JavaScript Object Notation）」、複数の環境や別の処理系との中間形式として便利な「XML（Extensible Markup Language）」などさまざまで、場合によっては画像などのバイナリデータも動的に生成して返すことがあります。

11-3　WebアプリケーションとPython

11-3-1　サーバサイドPython

　PyCharmからHTMLをブラウザで開けるのは、PyCharmがWebサーバ機能を持っているためです。ネットワーク越しにHTMLを表示するためには（つまりHTTPスキームで表示できるようにするには）、HTTPを扱えるWebサーバが必要です。

　また、Webサーバは、指定されたパスに対応するファイルを読み込み、その内容をクライアントに返すことがそもそもの仕事です。Pythonで動的にページを生成して返す場合には、追加で必要な技術があります。

◆CGIとFastCGI

　「CGI（Common Gateway Interface）」は、HTTPで動的なページを返すために黎明期から使われているものです。CGIに対応したWebサーバは、CGIへのHTTPリクエストを受け付けると、HTTPヘッダ等を環境変数に設定して、CGIプログラムを実行します。実際に実行されるプログラムはPythonでもPerlでもなんでもよく、CGIが環境変数で渡してくるHTTPリクエストを解析して適切な内容を生成し、Webサーバを通じてHTTPクライアントへ返却します。

　CGIは原始的な仕組みなので、処理の流れが実際にどのようになっているかの理解にはよいのですが、リクエストがあるたびにプログラムを起動するためにパフォーマンス上の問題があり、現在主流ではなくなっています。

　このCGIの弱点を回避する仕組みとして、「FastCGI」があります。FastCGIは、Webサーバの起動時、ないしは適時FCGI用のプログラムをあらかじめ起動しておき、Webサーバから何度も再利用する仕組みです（**図11.11**）。

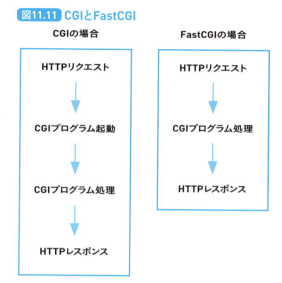

図11.11 CGIとFastCGI

　FastCGIは事前にプログラムを起動しておく仕組みなので、クライアントからリクエストがきたらすぐに処理を開始できます。CGIはプログラムの起動からライブラリの読み込みなど、非常にたくさんの仕事を毎回こなさなければならないので、その速度の違いは明らかでしょう。1秒間に処理できるリクエスト数が100倍以上違うことさえあります。

◆WSGI

　PythonはCGIを便利に使うための「cgi」モジュールも標準ライブラリとして持っていますが、パフォーマンス等の問題から、独自のアプリケーションサーバ（アプリケーションサーバについては後述）が使われてきました。しかし、Webアプリケーションが各アプリケーションサーバ専用となることも多く、Webアプリケーションを複数のアプリケーションサーバに対応させようとすると、そのためにかなりの量のプログラムをアプリケーションサーバに対応するためだけに書かなければなりませんでした。

　高レベルのWebアプリケーションフレームワークとアプリケーションサーバが対になっていることも多く、数多くのWebアプリケーションフレームワークのどれを選ぶか次第で、基本的な機能に関してさえも記述するプログラムが異なるため、知識の分断が発生していたのです。

　そこで、共通で使える仕様として「WSGI（Web Server Gateway Interface）」が登場しました。Pythonと同様にさまざまな種類のWebアプリケーションフレームワークがあるJavaが、「Servlet API」という仕様によって複数のWeb（アプリケーション）

サーバで容易に動かせることが考えの基盤になっています。WSGIの成功を受けて、他のいくつかのスクリプト言語でもWSGIをベースにした共通仕様が作られています。

WSGIは、各Webサーバのゲートウェイの役割と、Webアプリケーションのゲートウェイの役割を果たします。

> **Column　Webアプリケーションフレームワーク**
>
> 「フレームワーク」とは枠組みのことです。HTTPの仕組み自体も枠組みですが、Webアプリケーションの特定の領域に対してさらに枠を狭める仕組みを提供することで、開発効率とメンテナンス効率を上げるライブラリのことを、「Webアプリケーションフレームワーク」といいます。

◆アプリケーションサーバ

シンプルなWebサーバではなく、プログラムによる動的なレスポンス生成を前提としたWebサーバのことを「アプリケーションサーバ」と呼びます。静的ファイルの取り扱いは通常のWebサーバほど得意ではないものが多く、一般的なWebアプリケーションのシステム構成は図11.12のようになっていることが多いでしょう。

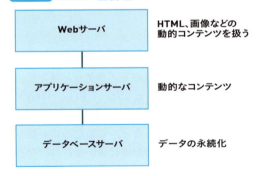

図11.12 Webの3層構造

このようなアーキテクチャのことを「Webの3層モデル」と呼ぶことがあります。変化しないコンテンツの配信を行うWebサーバが担当するプレゼンテーション層、プログラムによる動的なレスポンスを返すアプリケーションサーバが担当する中間層、データの永続化を行うデータベースサーバが担うデータ層の3層のモデルです。

要求されるスピードや負荷があまり高くない社内向けのサービスの場合は、アプリケーションサーバにWebサーバの役割もさせてしまうこともあります。また、サービス設計や機能設計・実装の技術力次第で各層の台数の割合等も違ってくるので、負荷

の予測等を行って設計していくことになります。

11-3-2　Webアプリケーションの設計

　Webアプリケーションの設計にも、前出のWebの3層モデルとは別の3層モデルがあります。

　別の、といっても考え方は似ており、クライアントへ返すデータの整形を行う層、処理をコントロールする層、データを操作する層の3層のモデルです。

　なぜ3層に分けるかというと、役割ごとに機能を簡潔にできることに加え、テストが容易になるからです。

　テストは入力と出力に対して行うことは今まで見てきました。Webアプリケーションの場合は最終的な出力はHTMLとなることが多く、そのHTMLは表示のために複雑になっています。

　3層に分けずに一緒くたにすべてを書いてしまうと、テストの際に出力結果で確認しなければなりません。何らかの問題が起こることを確認するためのテストで、実際に利用するユーザ向けのメッセージで判別を行うのは、現実的ではないのです。

　3層に分けておくと、開発自体も見通しがよくなります。責任範囲に応じた処理をシンプルに書けばよいからです。

11-4　サーバ上でのWebアプリケーション

11-4-1　準備

　Pythonは標準ライブラリで簡易なHTTPサーバを提供しています。実行したディレクトリを「ドキュメントルート」にしたWebサーバを起動してみましょう。

　terminalを開き、仮想環境を有効にして、11時間目のサンプルコードディレクトリに移動し、以下のように入力します。

```
$ source ~/venv/chapter11/bin/activate
$ cd ~/python15h/chapter11
$ python -m http.server
Serving HTTP on 0.0.0.0 port 8000 ...
```

　ポート番号8000番でWebサーバが起動しました。

11-4-2　ページを表示してみよう

Webブラウザで「http://localhost:8000/」を開いてみましょう。先ほど書いたindex.htmlの内容が表示されているはずです。Webサーバの設定次第ではありますが、多くのWebサーバでは、ディレクトリが開かれた際にはindex.htmlの表示を試みるため、ファイル名を省略した状態でindex.htmlが指定されたものとして表示されるのです。

PyCharmに戻って、index.htmlのファイル名を変更してみましょう。プロジェクトのindex.htmlファイルを右クリックしてコンテキストメニューを表示し、[Refactor]→[Rename]を選択して名前を「test.html」に変更します（図11.13）。

図11.13　ファイル名の変更

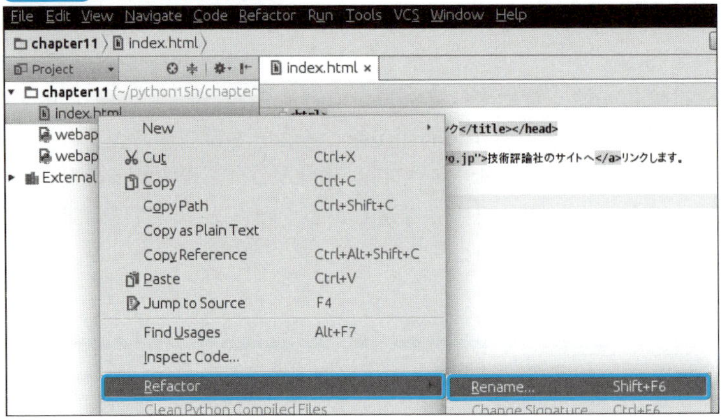

再びFirefoxブラウザに戻り、リロードしてみましょう。

図11.14　ディレクトリの表示

パスに対応する「/」が、Webサーバを起動したディレクトリになっていて、ディレクトリの中にあるファイルの一覧が表示されます（図11.14）。この「/」で表示されるディレクトリの位置を、「ドキュメントルート」と呼びます。

ファイルの名前をクリックすると中身が表示されますね。Pythonスクリプトのファ

イルも素直にその中身が表示されます。

実際にインターネットで使うことを想定したものではありませんが、素早く簡易にWebサーバを起動してみたい場合にはこれでも十分です。

11-4-3　プログラムからメッセージを表示しよう

続いて、プログラムからメッセージを返してみましょう。標準ライブラリのHTTPサーバはカスタマイズできるようになっています（**リスト**11.3）。

リスト11.3 webapp01.py

```python
from http.server import HTTPServer, SimpleHTTPRequestHandler

class MyFirstHTTPRequestHandler(SimpleHTTPRequestHandler):

    def do_GET(self):
        body = '<html><body>Hello from Python!</body></html>'.encode('utf8')
        self.send_response(200)
        self.send_header('Content-type', 'text/html; charset=utf-8')
        self.send_header('Content-length', len(body))
        self.end_headers()
        self.wfile.write(body)

if __name__ == '__main__':
    httpd = HTTPServer(('localhost', 8000), MyFirstHTTPRequestHandler)
    print('Serving HTTP on localhost port 8000')
    httpd.serve_forever()
```

terminalでhttp.serverを起動していたら、Ctrl+Cでプロセスを停止してください。

続いてPyCharmでwebapp01.pyを実行すると、先ほどと同様にWebサーバがポート8000番で起動します（もし「Address already in use」といったエラーが表示されてしまった場合には、http.serverを起動したPythonのプロセスが残ってしまっています）。起動できたら、Webブラウザで表示してみましょう（**図**11.15）。

図11.15 Pythonからこんにちは

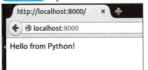

リスト11.3では「http.server.HTTPServer」に「MyFirstHTTPRequestHandler」を渡してserve_foreverを呼び出しています。MyFirstHTTPRequestHandlerは、SimpleHTTPRequestHandlerを継承して「do_GET」を上書きしたものです。

Webブラウザのパスを適当に変更して表示してみてください。どんなパスでも同じ内容が表示されます。do_GETは、HTTPのGETリクエストを受け付けたときに呼び出されるメソッドだからです。

次に、呼び出されたパスに応じて表示される文字列を変えてみましょう（**リスト11.4**）。

リスト11.4 webapp02.py

```python
from http.server import HTTPServer, SimpleHTTPRequestHandler

class MyFirstHTTPRequestHandler(SimpleHTTPRequestHandler):

    def do_GET(self):
        body = '<html><body>Hello from Python!</body></html>'
        if self.path == '/python15h/':
            body = '<html><body>Welcome to python15h!</body></html>'
        body = body.encode('utf8')
        self.send_response(200)
        self.send_header('Content-type', 'text/html; charset=utf-8')
        self.send_header('Content-length', len(body))
        self.end_headers()
        self.wfile.write(body)

if __name__ == '__main__':
    httpd = HTTPServer(('localhost', 8000), MyFirstHTTPRequestHandler)
    print('Serving HTTP on localhost port 8000')
```

```
httpd.serve_forever()
```

　webapp01.pyの実行を止めて、webapp02.pyを実行しましょう。うまく起動したらWebブラウザで「http://localhost:8000/python15h/」を開いてください。パスを変更して呼び出すと、元の文字が表示されます。

　ユーザの入力をもとに動的にコンテンツを返すことができましたね。パスごとに違う処理をする場合にdo_GETの中身が伸びていきそうだと感じましたか？ パスごとの処理をdo_GETから出して、パスと関数の対応を別に持てばよさそうだと思いましたか？

　安心してください、すでに同じことを考えてWebアプリケーションフレームワークをたくさんの人たちが作っています。**12時間目**ではシンプルなWebアプリケーションフレームワークをWSGIアプリケーションとして動かしながら見ていきましょう。

> **Column　ユーザの入力は信用しないで！**
>
> 　ユーザの入力をそのまま利用するのはとても危険です。ユーザの入力はプログラムで利用するときに確認し、利用用途ごとに危険のない状態にしてから利用します。
> 　HTMLとして利用する場合にはユーザの入力がHTMLとして意味を持たないように、データベースの検索キーとして利用する場合にはデータベースの構文上の意味を持たないようにする必要があります。重大なセキュリティホールとなりうるので、十分な知識がない場合にはライブラリ等で広く使われている機構を使うことをお勧めします。

確認テスト

Q1 WebブラウザがWebページを表示するまでに何が起きているのか説明してみましょう。

Q2 Pythonで起動したWebサーバにtelnetでアクセスしてみましょう。

Q3 ポートを変えた複数のWebサーバを起動して、HTMLのリンクで行き来してみましょう。

12時間目 動的ページ

実際にWebアプリケーションを開発する際によく使われている仕組みを使って、Webアプリケーションをプログラムから制御する基本を学んでいきます。URLとプログラムの関連付けやテンプレートを使った制御など、利用するWebアプリケーションフレームワークが変わっても応用できる内容ですので、しっかり学んでいきましょう。

今回のゴール

- Webアプリケーションフレームワークの利点を説明できる
- Webブラウザとサーバ側プログラムでデータのやり取りができる
- テンプレートエンジンを使いこなせる

12-1 Flaskの導入

　11時間目ではWebアプリケーションの仕組みを学び、Pythonの標準ライブラリでWebサーバを動かしてみました。

　これから学んでいくことになる「Flask」とは何でしょうか。Flaskは、Webアプリケーションフレームワークと呼ばれるものの1つです。もうWebアプリケーションを作れるのに、なぜWebアプリケーションフレームワークが必要なのか、不思議に思うかもしれません。

　Flaskを利用する理由は、Pythonの標準ライブラリは自由すぎるからです。自由はよいことではないのか、と思うかもしれませんが、自由であることはいくつかの側面で問題があります。

　1つ目の側面は、一番小さな単位で部品が用意されているため、すべてを自分で構築しなければならないことです。すべてを自分で構築しなければならないということ

は、プログラミングの量が増えてしまうということです。プログラミングの量が増えてしまうとは、テストをそれだけ多くしなければならず、バグやセキュリティホールも発生する可能性が高いということです。テストについては9時間目で大変さを学んできましたね。

　2つ目の側面は、作る人ごとにプログラムの設計が異なってしまうことです。プログラムの設計が異なってしまうことの何が問題なのでしょうか。Webアプリケーションのプログラミングは、どのWebアプリケーションでも似たような処理を書かなければならない部分があります。例えばURLとプログラムの関連付けや、HTTPリクエストに含まれる情報からPythonのデータへの変換といった処理です。未来永劫1人だけしかそのWebアプリケーションの開発に関わらないのであれば、自由に書いてしまっても問題ないかもしれません。しかし、いずれ別の人へ引き継いだり、そもそも複数人で開発する際に、同じ系統の処理を別々の設計で実装してしまったらどうでしょう。なぜ同じように書いてくれなかったのか、と自分以外の人が言い出すことでしょう。いずれわかることですが、たとえ1人きりの開発であっても、未来の自分が恨み言を言うことでしょう。

　特定の問題領域に対してプログラミング言語の自由度を狭めて、書き方を簡易に統一していくためのものを「フレームワーク」と呼びます。

　Flaskは、Webアプリケーション用のフレームワークです。Webアプリケーション用のフレームワークがたくさんある中、比較的小ぶりなため、Webアプリケーションフレームワークを使った開発の導入を見ていくにはちょうどいいのです。

　他にメジャーなWebアプリケーションフレームワークとしては「Django」があります。DjangoはFlaskと違い、Webアプリケーションの開発に必要なライブラリひと揃いに加えて、Webアプリケーション開発の現場で頻繁に必要とされるアプリケーション自体も含んでいます。

12-1-1　URLと関数のルーティング

　11時間目で、呼び出されるパスによって表示を切り替えてみたことを覚えていますか？ 1種類の追加であればともかく、たくさんの機能が出てきたときにはどれだけのif文を書かなければならないのかと不安になったかもしれません。

　Webアプリケーションの開発において、URLと機能のプログラムの関連付けは非常に重要です。Webアプリケーションフレームワークによって URL と機能のプログラムの関連付けの方法は異なりますが、いくつかのパターンで表されることが多いでしょう。

- ファイル構成から自動的に決まるもの
- URLとプログラムの対応を専用のファイルで定義するもの
- 機能のプログラムで定義するもの

　前述のDjangoは、URLとプログラムの対応をurls.pyというモジュールに定義します。本書で扱うFlaskは、機能のプログラムに定義するタイプです。DjangoもFlaskも、機能が増えてモジュールが複数になっても管理しやすいようになっているので、Webアプリケーションフレームワークを利用すれば、URLと機能の関連付けをどのように行うか、つまりif文をいかに隠蔽するかについて頭を悩ませる必要はありません。

　さて、URLはなぜ重要なのでしょうか。普段使うときは検索エンジンで検索をしてリンクをクリックするので、URLなんて見ていないという人も多いかもしれません。URLは、コンピュータに対して、人に対して、時間に対して重要な意味を持ちます。

◆コンピュータに対しての意味

　URLと内容が一致していることは、検索エンジンに対して良い影響を与えます。せっかく作ったWebアプリケーションはたくさんの人に使ってもらいたいですよね。意味のないURLは、正しく設計されたURLに比べてスコアが低くなる傾向があります。

　また、URLを変更すると、検索エンジンに新しいページとして認識されてしまいます。これを防ぐにはもともとのURLと新しいURLの紐付けを別途行う必要があります。検索エンジンがURLに対してページを確認しにきた際に、新しいURLを教えてあげる必要があるのです。

　検索エンジンは正しく設定しておけばきちんと整理をしてくれますが、ソーシャルブックマークサイトなどはURLの変更に追従しないことが多いため、URLの変更は、がんばって積み上げた被ブックマーク数を失うことになってしまいます。

　リソースを一意に指し示すURLを「パーマリンク」と呼ぶこともあります。恒久的に利用できるURLの設計をできるようになっていきましょう。

◆人に対しての意味

　人間にとって、覚えやすいということは重要です。また、実は覚えやすいだけではなく、URLが綺麗に設計されていると、ユーザはURLに対してあることを期待することがあります。URLは綺麗に階層化されており、特定の箇所を削ることでより大きな集合にたどり着けるという期待です。例えば、商品の詳細ページを見ていてURLのパス上位に商品のメーカーやカテゴリーがあったら、個別商品を表していそうな部分をパスから削ってみたことはありませんか？そもそも綺麗なURLの設計になっていないと、そういったユーザ体験は提供できないのです。

◆時間に対しての意味

　時間に対しての重要な点は、URLはコンピュータにとって重要という点とつながります。

　今回はPythonを用いてFlaskでWebアプリケーションを書いていますが、何らかの事情でGolangを利用しなければならなくなったとします。作ったWebアプリケーションも作り直しです。

　そんなときに、URLが「http://aaaaa.bbb/ccc.flask」となっていたらどうでしょう。過去をひきずり、URLとプログラムの関連付けのために「flask」という文字列を付加し続けるか、新しいURLを教える設定にflaskという文字列を付け続けるか。いずれにしても辛い未来が待っていそうです。

◆実際のURLの考え方

　そんなに重要なURLはどのように考えたらよいのでしょうか。重要、重要と連呼してきましたが、URLも今まで見てきたプログラミングのモジュールや関数といったものの名前と同じように考えるとよいでしょう。

　どういったURLに対して、どのメソッドで呼び出すか、また入力と出力は何にするかといったことを考えていきます。

　もちろん、提供したい機能についての要求を洗い出して要件を決めることが先ですが、要件が決まった後には要求を満たすためにどのような機能があればよいのかを考え、それはどのようなURLで、どのHTTPメソッドで入力と出力は何か、と考えていきます。可能であれば、その後の展開を予測して、増えそうな要件についてもURLをおおまかに考えられると、初期の要件の時点でURLについて検討できる幅が広がります。

◆RESTful

　URLとHTTPメソッドの考え方の1つに、「RESTful」があります。簡潔にいえば、URLでリソースを指し示し、HTTPメソッドで操作を行うという考え方です。

図12.1 RESTful

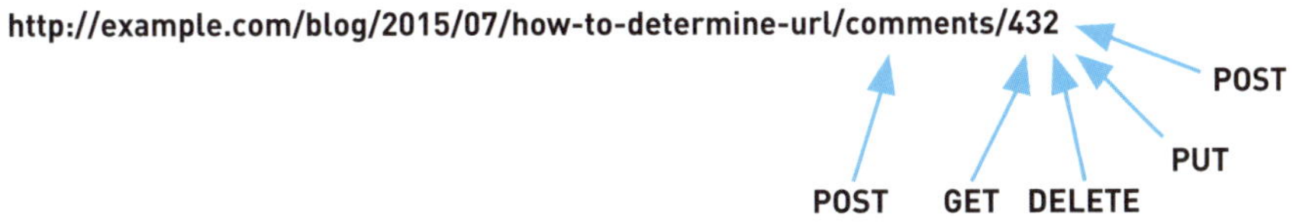

http://example.com/blog/2015/07/how-to-determine-url/comments/432

POST　GET　DELETE　PUT　POST

　図12.1の例では、「blog」という集合に年、月での制限があり、ブログのエントリー本体と思われる「how-to-determine-url」というパスがあります。そして、そのエン

トリーに対して付いたコメントという集合と、コメントの1つを表す数字があります。

1つのコメントを指し示す数字まで含んだURLに対して、PUT・GET・POST・DELETEの4つのHTTPメソッドで操作します（**表12.1**）。

PUTはそのURLに対してリソースの登録を、GETはURLに登録されているリソースの取得を、POSTはURLに対してのリソースの更新を、DELETEはURLに登録されているリソースの削除を行います。

この1つのコメントに対する操作として、数字まで含んだURLではなく「comments」というパスに対してPOSTがあるのは、コメントの集合に対してリソースの追加を行う場合に用いるとよい、という考え方です。PUTはURLを指し示してリソースを登録するのに対し、POSTはコメントの集合に対してコメントを1つ追加するというイメージです。つまり、PUTはクライアントが数字を決めているか事前に知っている場合に用いて、POSTはサーバ側で数字を決めます。

表12.1 RESTfulとHTTPメソッド

HTTPメソッド	RESTfulで対応する操作
PUT	リソースの登録
GET	リソースの取得
POST	リソースの更新
DELETE	リソースの削除

ただし、HTMLの仕様ではGETとPOSTのHTTPメソッドしか利用できないため、URLでのリソースの表し方に注意をする他は、POSTメソッドでPOST・PUT・DELETEをまかなうことが多いようです。JavaScript（Webブラウザ上で動作するスクリプト言語）からであれば、PUTやDELETEメソッドも利用できます。

12-1-2　Webブラウザに文字を表示してみよう

Flaskを用いてWebブラウザに文字を表示してみましょう（**リスト12.1**）。

リスト12.1 webflow01.py

```
from flask import Flask
app = Flask(__name__)


@app.route('/')
```

```
def hello_world():
    return 'Hello from Flask!'


if __name__ == '__main__':
    app.run()
```

このスクリプトを実行すると、ポート5000番でWebサーバが起動します。Webブラウザで「http://localhost:5000/」を開いてみると、「Hello from Flask!」と表示されます。
「flask.Flask」のインスタンスのrouteデコレータでパスを指定しています。試しに「http://localhost:5000/python15h/」を開いてみましょう。対応するパスの登録がないので、「404 Page Not Found」となるはずです。

◆パスの関連付け

「http://localhost:5000/python15h/」に対応するパスとプログラムの関連付けの方法はすでにご存じかもしれません。hello_world関数の下に1つ関数を追加してみましょう（**リスト12.2**）。

リスト12.2 webflow02.py

```
... 省略

@app.route('/python15h/')
def hello_python15h():
    return 'Welcome to python15h!'
```

URLの対応を扱うif文であふれることもなく、簡単にURLとの関連付けができました。

◆app.routeにパラメータを持たせる

Webアプリケーションのプログラムに HTTP の GET メソッドで何か情報を渡したいときには、通常、「query（クエリー）」と呼ばれる方法を用います。queryは、URLのパスに続いて「?key1=value1&key2=value2」のよう名前と値をペアにして渡すものです。何らかの検索を行うページのように、たくさんの検索キーが付くようなURLはqueryの形で問題ありません。しかし、商品詳細のページを指し示すようなURLの

12時間目 動的ページ

場合は、queryでキーを渡すよりもURLのパスとして表現したほうがよいでしょう。

Flaskは、パスとプログラムの関連付けに特別な機能を持っています。URLのパスの一部を自動で取り出して、対応させたプログラムの引数として渡すことができるのです。特定ページのURLを指し示すのに、queryではなくパスで表現できると、検索エンジンが個別のページと見なしてくれやすくなるので、頻繁に利用することになるであろう機能です（**リスト12.3**）。

リスト12.3 webflow03.py

```python
from flask import Flask
app = Flask(__name__)


books_15h = dict(java15h='Javaで学ぶ', python15h='Pythonで学ぶ', ruby15h='Rubyで学ぶ')


@app.route('/books/<book_title>/')
def hello_15h(book_title):
    return books_15h.get(book_title, '何かで学ぶ')


if __name__ == '__main__':
    app.run()
```

「@app.route」デコレータに渡すパスを表す文字列に、「<book_title>」という部分があります。この「<パラメータ名>」を、Flaskが自動でhello_15h関数の引数に渡してくれます。

早速「http://localhost:5000/books/python15h/」をWebブラウザで開いてみましょう（**図12.2**）。URLに指定した「python15h」をキーにして「dict」から取り出した値が表示されています。パラメータになる部分をいろいろ変えて、出力がどうなるか試してみてください。

図12.2 URLのパスから引数をキャプチャ

パラメータは型変換をしてから渡してもらったり、パスの区切りに使われるスラッシュを使えるものもあります（**表12.2**）。

表12.2 @app.routeの型変換（指定）

型の指定	受け付ける型
int	整数（integer）に変換する
float	浮動小数（float）に変換する
path	スラッシュを受け付ける

試しにpow関数の引数を2つ受け取るものを書いてみましょう（**リスト12.4**）。もちろん、この例の引数はパーマリンクとして重要ではなく、本来はqueryで渡せば十分なものです。

リスト12.4 webflow04.py:

```python
from flask import Flask
app = Flask(__name__)


@app.route('/pow/<int:x>/<int:y>/')
def web_pow(x, y):
    return '{0}'.format(pow(x, y))


if __name__ == '__main__':
    app.run()
```

URLを整数以外にしてWebブラウザで開いてみると、ステータス404が返ってきます。パラメータに数値を指定しているため、数値ではないURLがきた場合にはマッチしないのです。URLに設定されているパラメータが数字であることがわかっているので、改めてプログラムで入力が整数であるという検証を行う必要がなくなります。

もちろん、数値であることだけでプログラムが受け入れてよい数値かどうかの検証は必要です。油断は禁物です。

12-2 テンプレート（Jinja2）の導入

この章ではHTMLではなくプレーンテキストをWebブラウザに表示してきました。**11時間目**の11-3-2項で触れたように、Webアプリケーションは3層に分けて設計と実装をしていきます。3層は、クライアントへ返すデータの整形を行う層、処理をコントロールする層、データを操作する層、でしたね。

この章ではここまでURLと関連付けられたプログラムを見てきました。URLと関連付けられたプログラムは処理をコントロールする層で、「コントローラ層」と呼ばれます。

ここからは、クライアントへ返すデータの整形を行う層を見ていきましょう。通常は「プレゼンテーション層」と呼ばれます。

プレゼンテーション層では、「テンプレートエンジン」というものを利用します。

テンプレートというのは、プレゼンテーション層についてのロジックのみが書かれたテキストファイルです。Pythonの構文とは異なる「テンプレート記述言語」を用いて、プレゼンテーション層の制御を行います。テンプレート記述言語はテンプレートエンジンごとに違います。今回は速度も速く使いやすい「Jinja2」を使います。Flaskと同じ作者による人気のあるライブラリで、（同じ作者のライブラリなので）Flaskから簡単に使えるようになっています。

12-2-1 プログラムから値を渡してみよう

テンプレートエンジンを利用してデータの整形を行うプログラムから見ていきましょう。今回はFlaskに加えて「render_template」という関数をflaskからインポートします（**リスト12.5**）。

リスト12.5 webflow05.py

```python
from flask import Flask, render_template
app = Flask(__name__)


@app.route('/pow/<int:x>/<int:y>/')
def web_pow(x, y):
    result = pow(x, y)
    return render_template('webflow05.html', x=x, y=y, result=result)
```

```
if __name__ == '__main__':
    app.run()
```

　web_pow関数を見てください。今までは文字列をreturnしていましたが、ここでは「flask.render_template」関数の戻り値をそのままreturnしています。このrender_templateは、動的に変わる値をテンプレートのプレースホルダに差し込んで文字列に変換する関数です。

◆テンプレートサーチパス

　Flaskでは、プログラム（webflow05.py）と同じディレクトリ階層に「templates」というディレクトリがあり、そのtemplatesディレクトリがテンプレートファイルのサーチパス起点になるという設定が暗黙に行われています。render_template関数の第一引数にtemplatesディレクトリからの相対パスを渡すと、テンプレートサーチパスからの相対パスで、つまり設定を変更していない限りtemplatesディレクトリから、Flaskはテンプレートファイルを探します（**図12.3**）。

図12.3 Flaskの規約によるファイルレイアウト

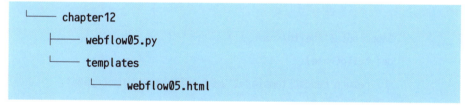

　このような暗黙の設定のことを「設定より規約（CoC：Configuration over Convention）」と呼びます。必要に応じて変更もできますが、Flaskを知っているエンジニアであれば探す手間が省ける便利さがあります。また、メジャーなWebアプリケーションフレームワークDjangoでも似たような構成となっています。

◆テンプレートへ変数を渡す

　続いてテンプレートファイルを見ていきましょう（**リスト12.6**）。HTMLの中に見慣れない記号「{{ }}」があります。Jinja2では、プログラムから渡された変数の出力をする箇所に「{{」と「}}」で括ってプログラムから渡された変数名を記述します。今回の場合はx、y、resultです。

リスト12.6 webflow05.html

```html
<html>
  <head><title>web pow!</title>
  <body>
    <p>
      {{ x }} ^ {{ y }} = {{ result }}
    </p>
  </body>
</html>
```

◆HTMLに関わる文字を出力する

次に、文字列を出力してみましょう（**リスト**12.7、**リスト**12.8）。

リスト12.7 webflow06.py

```python
from flask import Flask, render_template
app = Flask(__name__)


@app.route('/hello/<name>/')
def hello(name):
    return render_template('webflow06.html', name=name)


if __name__ == '__main__':
    app.run()
```

リスト12.8 webflow06.html

```html
<html>
  <head><title>hello {{ name }}!</title>
  <body>
    <p> こんにちは {{ name }} さん </p>
  </body>
</html>
```

webflow06.pyを実行してから、例によって「http://localhost:5000/hello/pythonista/」をWebブラウザで開いてみましょう。当然のように表示されましたね。では、hello関数を少し変えてみましょう（**リスト12.9**）。

リスト12.9 webflow07.py

```python
from flask import Flask, render_template
app = Flask(__name__)


@app.route('/hello/<name>/')
def hello(name):
    return render_template('webflow06.html', name='<p>{0}</p>'.format(name))


if __name__ == '__main__':
    app.run()
```

HTMLのpタグに挟んで変数nameに設定してみました。webflow06.pyを終了して、webflow07.pyを実行してからWebブラウザで表示してみましょう（**図12.4**）。

図12.4 pタグを出力したはずが……

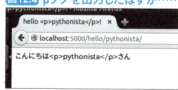

あれ？ pタグがHTMLとしての機能を持たずにそのまま表示されています。Webブラウザの画面を右クリックして、ソースの表示をしてみましょう。変数nameの出力結果が次のようになってしまっています。

こんにちは <p>pythonista</p> さん

Jinja2は、HTML出力を主な目的としたテンプレートエンジンです。実はHTMLテンプレートにHTMLのタグを出力することはセキュリティホールになることが多く、テンプレートによるデータの出力がHTMLとしての機能を持たないように自動で

エスケープされるようになっているのです。

どうしてもプログラムで生成したHTMLタグを出力したい場合には、「safe」というJinja2のテンプレートフィルタを使います。テンプレートフィルタは変数出力時に変数に続けて「|」を置き、さらに続けてテンプレートフィルタを書きます。

webflow06.htmlのbody内にある出力を、以下のように書き換えてみてください（書き換えたものをwebflow08.pyとwebflow08.htmlとして用意してあります）。

```
こんにちは {{ name|safe }} さん
```

これで、HTMLが意図したとおりに出力されました。
しかし、以下のURLをWebブラウザで開いてみてください（図12.5）。

```
http://localhost:5000/hello/%3Ch1%3Epythonista/
```

図12.5 safeフィルタの危険な使い方

おっと！出力のHTMLをいじれてしまいました。これは危険です。**15時間目**でも触れますが、ユーザの入力をもとに機能するプログラムはとても危険です。出力する変数が絶対に安全と断言できる場合以外は、safeテンプレートフィルタは使わないようにしましょう。

12-2-2　プログラムとの使い分け

コントローラ層のプログラムからプレゼンテーション層のテンプレートに値を渡して表示する方法はわかりました。しかし、実際に表示を行いたいものは商品の一覧だったり、条件によって色を付けたりとプログラムの制御構文が必要になる場面が多いことでしょう。これはどのように組み立てたらよいのでしょうか。

安心してください。プログラムと同様、テンプレートエンジンにも制御構文があります。

◆分岐

制御構文は「タグ」と呼ばれる記法で記述します。タグは「{%」で始まり「%}」で終わります。

```
{% if expression1 %}
    expression1 が真の場合
{% elif expresion2 %}
    expression2 が真の場合
{% else %}
    expression1,expression2 ともに偽の場合
{% endif %}
```

Pythonのプログラムはifのブロックをインデントで表しますが、Jinja2は「{% if ... %}」で始まり、「{% endif %}」で終わります。ifタグのexpressionでは、Pythonの場合と同じように比較の演算子を利用できます（**表12.3**）。

表12.3 Jinja2で利用可能な比較演算子

演算子	意味
==	左辺と右辺が等値の場合にTrue
!=	左辺と右辺が等値でない場合にTrue
>	左辺が右辺より大きい場合にTrue
>=	左辺が右辺以上の場合にTrue
<	左辺が右辺より小さい場合にTrue
<=	左辺が右辺以下の場合にTrue

and、or、notの論理演算子や、「( )」による優先度についても、Pythonと同様に利用できます。

◆イテレーション（ループ）

表やリストを出力する際には、「for」タグを利用します。Pythonのそれに似ていますが、HTML等のタグ出力に便利な「loop」という名前の変数が自動で生成されるのが特徴的です（**表12.4**）。

例えばUnorderedList（ulタグの内側にliタグでリストを表現するHTML）を出力

する際、ループの最初にTrueになる「loop.first」と、ループの最後にTrueになる「loop.last」を使ってulの開始タグと終了タグを出力できます。ループする対象がない場合はulタグを出力したくない、といったときに有用です。

```
{% for item in somelist %}
  {% if loop.first %}<ul>{% endif %}
  <li>{{ item }}</li>
  {% if loop.last %}</ul>{% endif %}
{% endfor %}
```

表12.4 loop変数（抜粋）

変数	意味
loop.index	1始まりのループインデックス。0始まりのloop.index0もある
loop.revindex	最後を1として逆順のループインデックス。最後を0としたloop.revindex0もある
loop.first	ループの最初の場合にTrue
loop.last	ループの最後の場合にTrue
loop.length	リストのサイズ（ループ回数）

出力する変数が辞書（dict）の場合も、Pythonで書くのと同様にforで回します。keyとvalueを順次取り出すためにiteritemsを呼び出します。

```
{% for key, value in somedict.iteritems() %}
  {% if loop.first %}<dl>{% endif %}
  <dt>{{ key }}</dt>
  <dd>{{ value }}</dd>
  {% if loop.last %}</dl>{% endif %}
{% endfor %}
```

辞書は登録した順には取り出せないことを覚えていますか？ 任意の並び順で出力したい場合にはOrderedDictを利用するか、dictsortテンプレートフィルタを使って並び替えを行いましょう。dictsortテンプレートフィルタは、keyかvalueでソートできます。

◆コメント

テンプレートにコメントを書いておきたい場合には、テンプレートタグやテンプレートフィルタとは異なる記法を使います。Pythonと同じ「#」と覚えておけばよいでしょう。

```
{# コメントです #}


{#
    複数行でも記法は同じです
#}
```

◆空白の扱い

条件文などのテンプレートタグが含まれたテンプレートをJinja2から出力したページは、ソースを見ると、テンプレートタグのあった場所にスペースや空の行が出力されてしまいます。空白があっても問題がなければよいのですが、見た目に影響を与えてしまうこともあります。また、HTMLの構造に問題が発生した場合に確認するのに、綺麗に出力されているほうが扱いやすいことは間違いないでしょう。

余計な空白を消し去りたいときには、「-」（マイナス）記号の付いたテンプレートタグを使います。テンプレートタグの開始マークアップを「{%-」にすると、テンプレートタグよりも左側の空白が除去されます。逆に、テンプレートタグの終了マークアップを「-%}」にすると、テンプレートタグよりも右側の空白が除去されます。

実際の動作が想像しにくいでしょうから、いくつかサンプルを見てみましょう。

空白除去のテンプレートタグを使わない場合には、処理後にテンプレートタグのみが消え去ります。

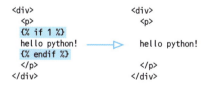

次のように空白除去のテンプレートタグを使うと、空白や改行以外が発見されるまで空白が除去されます。

```
<div>                    <div>
  <p>                      <p>
  {%- if 1 %}              hello python!
  hello python!            </p>
  {% endif -%}           </div>
  </p>
</div>
```

次のようにすると、テンプレートロジックを見やすく記述するための改行やインデント自体を消し去ることもできます。

```
<div>                    <div>
  <p>                      <p>hello python!
  {%- if 1 -%}             </p>
  hello python!          </div>
  {% endif %}
  </p>
</div>
```

Jinja2はWebサイトでHTMLを生成するだけでなく、メール送信のための文章を整形したり、その他のテキスト処理の際にも便利なライブラリなので、空白の扱いはマスターしておくことをお勧めします。

◆テンプレートの継承

Pythonのクラスと同様、Jinja2はテンプレートの継承ができるようになっています。テンプレートエンジン全体として見ると継承のできるタイプは少ないのですが、Jinja2の他にDjangoテンプレートエンジンでも継承をサポートしているので、テンプレートの継承について知っておくとよいでしょう。

HTMLやメール等は、Webサイト全体を通じて同じようなヘッダや構造を持っていることが多く、またアプリケーションの階層（URLの階層を想像してください）によって、全体とは違うけれども階層内では同じ、というような情報を多く持ちます（図12.6）。

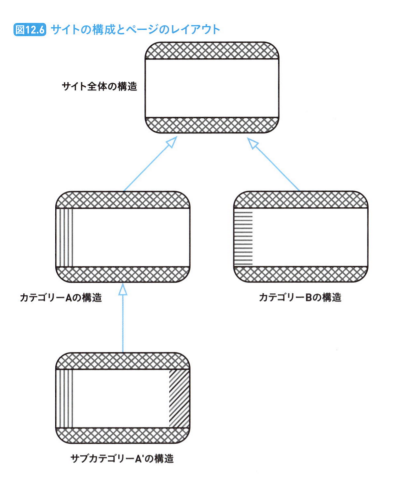

図12.6 サイトの構成とページのレイアウト

どのようにすると更新や管理を楽にできるでしょうか。

プログラムと考え方は同じで、同じ特徴を持つテンプレートと差異のある部分を継承で表せれば、変更をしなければならなくなったときのインパクトは小さそうです。また、URLの名詞を表す階層にそれぞれの階層のベースになるテンプレートを置いておくと、どのURLに対してどのテンプレートが使われているかもわかりやすそうです。

親テンプレートとの差異がなくても、階層のベーステンプレートは置くようにしておくと、URLとの対比がわかりやすく、管理がしやすいでしょう。

```
.
├── program.py
```

```
└── templates
    ├── base.html
    ├── categoryA
    │   ├── base.html
    │   └── subCategoryA
    │       └── base.html
    └── categoryB
        └── base.html
```

　Pythonのプラグラムでクラスを継承した際には、メソッドを子供のクラスで上書きできました。

　Jinja2のテンプレートでは、子供のテンプレートから上書きできる部分を「block」というテンプレートタグでマークしておきます。blockタグはメソッド名のように名前を付けておく必要があります。例えば「{% block title %}{% endblock %}」は、titleという名前の上書き可能なblockタグです。

　実際の継承はどのように記述するのかを見ていきましょう（**リスト12.10**、**リスト12.11**）。

リスト12.10 templates/base.html

```html
<html>
  <head>
    <title>{% block title %}{% endblock %}</title>
    {% block extra_html_headers %}{% endblock %}
  </head>
  <body>
    <div id="menu">{% block menu %}{% endblock %}</div>
    <div id="contents">{% block contents %}{% endblock %}</div>
    <div id="footer">copyright ...</div>
  </body>
</html>
```

リスト12.11 templates/app1/base.html

```
<!-- app1/base.html -->
{% extends "base.html" %}
{% block title %}app1のベーステンプレート{% endblock %}
```

　app1/base.html（**リスト12.11**）をテンプレートとして指定すると、HTMLのタイトルタグの内容は「app1のベーステンプレート」になります。親テンプレート（**リスト12.10**）のブロックを上書きしたもの以外は出力されないので、「<!-- app1/base.html -->」は消えます。

　さらに、app1/base.htmlを継承したテンプレートapp1/app.html（**リスト12.12**）では、「super()」を出力することでapp1/base.htmlのtitleブロックを出力できます。

リスト12.12 templates/app1/app.html

```
{% extends "app1/base.html" %}
{% block title %}{{ super() }}を継承したappテンプレート{% endblock %}
```

　つまり、app1/app.htmlをテンプレートとしてレンダリングした場合、titleブロック部分の出力は次のようになります。

app1のベーステンプレートを継承したappテンプレート

◆主なテンプレートタグとテンプレートフィルタ

　データの出力に関することは、テンプレートタグとテンプレートフィルタでいろいろなことが行えます。復習しましょう。

　テンプレートタグは「{%」で始まり、「%}」で終わります。主にテンプレートロジックの制御構文に利用します。

　テンプレートフィルタは、変数出力の際に変数に続けて「|」を挟んで記述します。主に値の出力を整形するために利用します。

書式

```
{% TAG %}
{{ variable|FILTER }}
```

　表12.5にテンプレートタグ、**表12.6**にテンプレートフィルタの簡易な一覧をまとめ

12時間目 動的ページ

ておきます。Jinja2には他にも多彩な機能があります。慣れてきたらJinja2のドキュメントを参照してみてください。

表12.5 主なテンプレートタグ

テンプレートタグ	用途
if	分岐に利用する
for	iterableのループに利用する
macro	テンプレート用の関数定義に利用する
call	macroを呼び出すために利用する
filter	テンプレートフィルタをfilterテンプレートブロック内に適用するために利用する
set	テンプレート内で変数に値を割り当てるために利用する
extends	テンプレートの継承のために利用する
block	テンプレートの継承時に上書き可能なブロックの宣言のために利用する
include	テンプレートに別のテンプレートをインクルードするために利用する
import	別のファイルに定義したmacroを読み込むために利用する

表12.6 主なテンプレートフィルタ

テンプレートフィルタ	機能
batch	リストを複数のリストに分割する
default	対象の変数が未定義の場合に指定の値を出力する。「変数がFalseの場合」もオプション指示で可能
dictsort	辞書をキーで並べ替える。値でソートもオプション指示で可能
filesizeformat	人間が読みやすいファイルサイズ表記に変換する
first	リストのような順序のあるオブジェクトの最初のアイテムを取り出す
format	%形式の文字列フォーマットを適用する
groupby	辞書やオブジェクトから、指定のキーや属性の値ごとにリストを作る
last	リストのような順序のあるオブジェクトの最後のアイテムを取り出す
length	リストのような順序のあるオブジェクトの数を数える
map	リストのような順序のあるオブジェクトの各要素にフィルタを適用する。属性の値だけをリストに詰め直すこともできる
pprint	整形して出力する

テンプレートフィルタ	機能
random	シーケンシャルなオブジェクトからランダムに1つ要素を取り出す
replace	文字列の置換を行う
reverse	シーケンシャルなオブジェクトから逆順にアイテムを返す
safe	オートエスケープを無効にする
sort	イテレータオブジェクトを並べ替える
striptags	HTML/XMLのタグを取り除く
sum	値を合計する
trim	前後の空白を取り除く

12-3 formを使った入力画面

ユーザからの入力は、「form」と呼ばれるHTMLの機能でサーバへ送られます。

12-3-1 form

formはHTMLのタグで、サーバへ情報を送るためのものです（Jinja2のタグではなくHTMLのタグです）。ここまで見てくる間に、URLからサーバへ情報を渡す方法を見てきました。

URLを用いてサーバへ情報を送ることと、formを用いて情報を送ることの違いは何でしょう。 URLはそもそもリソースの場所を表すものだということを覚えていますか。「どのような種類のどれに対してどのような操作を行うか？」といった類いは、URLで表してもよさそうです。RESTfulな考え方では操作をHTTPメソッドで表していましたが、HTMLのformではGETメソッドとPOSTメソッドしか利用できないため、操作の種類もURLのパスで表現することがあります。

formはHTTPメソッドのGETとPOSTのいずれかを利用してサーバへ情報を送ります（メソッドを指定しなかった場合には、GETメソッドでサーバへ情報が送られます）。

GETメソッドとPOSTメソッドの違いは何でしょうか。GETメソッドで情報をサーバへ送る際には、「query」（クエリ）と呼ばれる文字列がURLの一部として使われます。POSTメソッドの場合にはHTTPボディにキーと値が設定され、サーバへ送られます。

GETメソッドはURLに情報がそのまま表現されてしまうため、Webサーバのアクセスログや、HTTPヘッダの1つのrefererヘッダにより、どのような操作を行ったかといった情報が予期しない場所へ記録されてしまうことがあります。また、一部のWebブラウザでは2083バイトまでしか扱えないという制限があるため、GETメソッドではあまり大きな情報は扱えません。

徐々にわかってきますが、GETメソッドは情報の取得、POSTメソッドは情報の更新、と使い分けることになります。ただし、秘匿情報を検索条件にする場合には、情報の取得でもPOSTメソッドを利用したほうがよいでしょう。

12-3-2　formの要素

formタグには**表12.7**に挙げる属性を指定できます。

表12.7 formタグの属性

属性	用途
name	formの名前を指定する。省略した場合には設定されない
action	formの送信先を指定する。省略した場合には現在のURL（のパス部分まで）に対して送信が行われる
method	formの送信に利用するHTTPメソッドのうち、GETかPOSTを指定する。省略した場合にはGETメソッドが利用される。現在のHTMLの仕様ではGETとPOSTのみしかサポートされていない
target	Webブラウザのウィンドウや HTMLのフレーム（frame）の名前を指定する。サーバへ送る情報ではなく、Webブラウザの制御のために利用する
enctype	formの送信の際のデータ形式を指定する。formに設定された値をどのような形式でサーバへ渡すかが決定する。通常は省略してよい。ファイルのアップロードの場合は「multipart/form-data」を指定する

続いて、formタグの内側に記述できる要素について見ていきましょう。HTML5で多くの要素について仕様が追加されていますが、現時点ではブラウザの対応はまちまちなので、HTML4までのものを紹介します。

◆input type="text"

```
<input type="text" name="text1" />
```

1行の文字列を扱うための要素です。**表12.8**の属性を指定可能です。

表12.8 input type="text"の属性

属性	用途
name	フィールドの名前を指定する。データの送信されるときの名前に利用される
value	値。Webブラウザでユーザが入力した値が設定される
size	フォームの大きさを指定する
maxlength	入力可能な最大文字数を指定する

◆textarea

```
<textarea name="textarea1" rows="3" cols="45">複数行のテキストを入力でき
ます。</textarea>
```

複数行の文字列を扱うための要素です。複数行の入力が予想される場合は、inputタグではなく、textareaタグで表現します。**表12.9**の属性を指定可能です。

表12.9 textareaタグの属性

属性	用途
name	フィールドの名前を指定する。データの送信されるときの名前に利用される。複数のフィールドに同じ名前を付けられる
rows	フィールドの大きさ(高さ)を行数で指定する
cols	フィールドの大きさ(幅)を文字数で指定する

◆input type="password"

```
<input type="password" name="password1" />
```

type="text"のときと同じ属性を持ちますが、Webブラウザ上ではvalueは「*」で表現されます。

◆input type="checkbox"

```
<input type="checkbox" name="checkbox1" value="1" checked="checked" />
<input type="checkbox" name="checkbox1" value="2" checked="checked" />
<input type="checkbox" name="checkbox1" value="3" />
```

複数選択可能な選択肢として利用します。「checked="checked"」属性を付けると、あらかじめ選択された状態で表示されます。**表12.10**の属性を指定可能です。

表12.10 input type="checkbox"タグの属性

属性	用途
name	フィールドの名前を指定する。データの送信されるときの名前に利用される。複数のフィールドに同じ名前を付けられる
value	値。Webブラウザでユーザが入力した値が設定される
checked	checkedを指定すると、あらかじめ選択された状態で表示される

◆input type="radio"

```
<input type="radio" name="radio1" value="1" />
<input type="radio" name="radio1" value="2" checked="checked" />
<input type="radio" name="radio1" value="3" />
```

checkboxと同じ属性を持ちますが、checkboxとは異なり、1つだけ可能な選択肢として利用します。「checked="checked"」属性を付けると、あらかじめ選択された状態で表示されます。

◆input type="hidden"

```
<input type="hidden" name="hidden1" value="1" />
```

画面に表示されない隠しフィールドです。属性はnameとvalueのみです。

◆input type="file"

```
<input type="file" name="file1" />
```

ファイルをアップロードするときに利用します。利用する際にはあわせてformのenctype属性を「multipart/form-data」に、methodをPOSTに設定します。**表12.11**の属性を指定可能です。

表12.11 input type="file"タグの属性

属性	用途
name	フィールドの名前を指定する。データの送信されるときの名前に利用される
size	フォームの大きさを指定する

◆input type="submit"

```
<input type="submit" value=" 登録 " />
```

formの内容をサーバへ送るために利用します。valueの値がボタンに表示されます。

◆input type="reset"

```
<input type="reset" value=" 入力値をリセット " />
```

formの内容を初期状態に戻すために利用します。

◆input type="button"

```
<input type="button" name="button1" value=" ボタン1" />
```

単体での機能はありません。JavaScriptと組み合わせて利用されます。

◆input type="image"

```
<input type="image" name="image1" value=" ボタン1" />
```

画像をボタンとして利用します。単体での機能はありません。JavaScriptと組み合わせて利用されます。**表12.12**の属性を指定可能です。

表12.12 input type="image"タグの属性

属性	用途
name	フィールドの名前を指定する。データの送信されるときの名前に利用される
src	画像ファイルのパスを指定する
alt	画像が表示できないWebブラウザ用の代替テキストを指定する

12-3-3　サーバ側で入力値を受け取る

実際にサーバ側のプログラムでWebブラウザからの入力を受け取ってみましょう。

◆GETメソッドのデータの受け取り

サーバ側のプログラムに送りたい情報と、サーバ側のプログラムから出力したい情報を考えながら、テンプレートを記述します（**リスト12.13**）。

リスト12.13 webflow10.html

```
<html><body>
  {%- if text1 -%}
  入力された文字は <strong>{{ text1 }}</strong> です。
  {%- endif %}
  <form>
    <input type="text" name="text1" />
    <input type="submit" value="GET で送信 " />
  </form>
</body></html>
```

formタグに属性を何も指定していないため、HTTPメソッドGETで送信されます。通常、formを送信するためには「input type="submit"」のボタンが必要です。

続いて受け取り側（サーバ側）のプログラムを見ていきます（**リスト12.14**）。

リスト12.14 webflow10.py

```
from flask import Flask, render_template, request
app = Flask(__name__)
```

```python
@app.route('/')
def form_index():
    if request.method == "GET":
        if 'text1' in request.args:
            return render_template(
                'webflow10.html',
                text1=request.args['text1']
            )
    return render_template('webflow10.html')

if __name__ == '__main__':
    app.run(debug=True)
```

　Flaskから「request」をインポートしています。requestには、利用されたHTTPメソッドを格納している変数「method」があり、Webブラウザからのリクエストに応じてGET・POST・PUT・DELETEのいずれかが設定されます。今回のformはGETで送信してきているので、「request.method」はGETになります。

　GETで送信されたformのキーと値は、「request.args」に辞書形式で格納されています。webflow10.pyは、formの送信が行われていたら「text1」という名前のキーで送信されてきた値を取り出し、テンプレートエンジンに変数として渡しています。

　Webブラウザのロケーションバーにも注目してください。テキストフィールドに「日本語」と入力して送信した場合には、以下のようになっているはずです。GETメソッドはURLの一部としてデータを送信するため、URLで利用できない日本語のような文字は、「URL Encode」と呼ばれる方式でエスケープされているのです（今どきのWebブラウザでは日本語に見えてしまっていますが、コピーしてテキストエディタ等に貼り付けると、以下の文字になっているはずです）。

```
http://localhost:5000/?text1=%E6%97%A5%E6%9C%AC%E8%AA%9E
```

　GETで送られたformの情報は、プログラムから簡単に取り出せました。他の入力方法（textareaや「input type="radio"」など）も試してみましょう。
　さて、POSTで送られたデータはどのように取り出せばよいでしょうか。
　試しにwebflow10.htmlのformに「method="post"」を追加してみた方は、Webブ

12時間目 動的ページ

ラウザに「Method Not Allowed」と表示されて面食らったかもしれません。これは、Flaskは、指定しない場合にはGETメソッドのみを受け付けるからです。

@appデコレータにPOSTメソッドも許容するように書き直してみましょう（**リスト12.15**、**リスト12.16**）。

リスト12.15 webflow11.html

```html
<html><body>
  {%- if text1 -%}
  入力された文字は <strong>{{ text1 }}</strong> です。
  {%- endif %}
  <form method="post">
    <input type="text" name="text1" />
    <input type="submit" value="POST で送信 " />
  </form>
</body></html>
```

formに「method="post"」を追加しています。

リスト12.16 webflow11.py

```python
from flask import Flask, render_template, request
app = Flask(__name__)

@app.route('/', methods=['GET', 'POST'])
def form_index():
    if request.method == "POST":
        if 'text1' in request.form:
            return render_template(
                'webflow11.html',
                text1=request.form['text1']
            )
    return render_template('webflow11.html')
```

```
if __name__ == '__main__':
    app.run(debug=True)
```

「@app.route」に受け付けるHTTPメソッドを指定します。formを送信した場合にはrequest.methodにPOSTが設定されます。POSTで送信されたformのキーと値は、「request.form」に辞書形式で格納されています[注1]。

「WTForms」というライブラリを利用すると、入力値のバリデーション（検証）やテンプレートへのform要素の出力が便利になります。後でWTFormsに触れますので、あわせて確認しましょう。

注1） ただし、「input type="file"」で送信されたデータは、「request.files」に格納されます。

確認テスト

Q1 Webアプリケーションフレームワークとは何ですか。
Q2 テンプレートエンジンを使う利点を説明しましょう。
Q3 データの送信に利用するHTMLのタグは何ですか。

13時間目 データの保存

12時間目までに、Webブラウザからユーザの入力を受け取ったり、プログラムでWebブラウザに動的なページを表示したりすることを覚えました。ファイルの読み書きと合わせれば、複数のユーザの入力したデータを保存してブックマークサイトのようなものを作れそうです。しかしちょっと待ってください、ここまでに見てきた内容には、誰が操作しているかをプログラムから知る方法がありませんでした。

今回のゴール

- HTTPプロトコルのステートを理解する
- データベースの基礎を理解する
- Pythonからデータベースを操作できるようになる

13-1 ステートとセッション

13-1-1 ステートレス

　HTTPプロトコルには状態がありません。これだけでは何を言っているのかわかりませんね。HTTPプロトコルは、Webブラウザからアクセスがあったその瞬間に入力された情報をもとにレスポンスを返して終わりなのです。簡単に言うと、HTTPプロトコル自体は誰がアクセスしてきているのかは関係がなく、1回のHTTPリクエストに対して1回のHTTPレスポンスを返して終わりです。こういった、状態を保持しないことを「ステートレス」と呼びます。

　でもログインして使うWebサイトがあるじゃないか、ユーザを認識してるはずでは？ と思いますよね。そのようなWebサイトは、HTTPがステートレスであるという特徴を回避して、「セッション」を維持することでユーザごとの処理を振り分けているのです。

13-1-2　HTTPセッション

　ユーザの一連の操作を「セッション」と呼びます。HTTPリクエストとHTTPレスポンスという1アクセスではなく、アクセスをしてきたユーザ（Webブラウザ）を識別して、状態を維持しながら複数ページにわたる操作をさせるには、「HTTPセッション」という考え方を実現する必要があります。

　HTTPセッションの状態保持の仕方には、クライアント側に保持する方法と、サーバ側に保持する方法の2種類があります。

　クライアント側に保持する方法としては、Formのhiddenに状態を復帰するために必要な情報をつど格納して移動のたびにFormのサブミットをする方法と、Cookieというものを使う方法があります。

　Cookieは、サーバがクライアントにデータを保持させ、クライアントはリクエストのたびにそのCookieの情報をサーバへ渡すというものです。formのhiddenをサブミットするのと同様、Cookieに格納したデータを毎回サーバへ送らせるのです。

　サーバ側に保持する方法でも、クライアントに保持する方法で用いたformやCookieを利用します。違いは情報自体をやり取りするのではなく、サーバに保存した情報との紐付けキーのみをやり取りし、そのキーからサーバ側に保存しておいた状態を取り出すところです。

　クライアント側に保持する方法を用いると、リクエスト、レスポンスともに通信量が多くなりますが、サーバ側にデータを保持する必要がないというメリットがあります。

　Webサイトの利用者が増えると、1つのサービスを複数台のWebサーバで展開することになっていきます。すると、複数のWebサーバのうち、どのWebサーバへユーザのリクエストが到達するかが固定でないといったことが発生します。サーバ側にデータを保持する方法をとっていると、どのサーバへリクエストがきたとしても、リクエストしてきたクライアントを使っているユーザの状態を取り出せるように、複数台のWebサーバで情報を同期しなければなりません。サーバ側に保持する方法は、リクエスト、レスポンスに含めるセッション維持のための情報が個別のユーザ（Webブラウザ）を表すキーのみとなるので、通信量へ与える影響は軽微です。しかし、そのように別にセッション情報の維持・同期や、保存しておいた情報の定期的な掃除などの追加で検討しなければならないことが増えるのです。

◆**FlaskでHTTPセッションを使う**

　では、Flaskで実際にHTTPセッションを利用してみましょう。HTTPセッションを試してみるためのプログラムを用意しました（**リスト13.1**、**リスト13.2**）。

リスト13.1 datastore01.py

```python
import os
from flask import Flask, render_template, session

app = Flask(__name__)
app.secret_key = os.urandom(32)

@app.route('/')
def use_session():
    counter = session.get('counter', 0)
    counter += 1
    session['counter'] = counter
    return render_template('datastore01.html', counter=counter)

if __name__ == '__main__':
    app.run(debug=True)
```

リスト13.2 datastore01.html

```html
<html>
  <body>{{ counter }} 回目のアクセスです </body>
</html>
```

PyCharmでdatastore01.pyを実行し、Webブラウザで「http://localhost:5000/」を開きましょう。Webブラウザをリロードするたびに数字が増えていきます。いったんWebブラウザを終了して再度同じURLを開くと、再び1からカウントが始まります。

図13.1 HTTPセッションを用いたカウンター

Flaskの「flask.session」は、クライアント側にCookieを使って状態を保存する方

法を用います。単にCookieに保存してしまうと、ユーザが自由に値を変更できてしまうため、Flaskは情報を暗号化してCookieに格納しています。

暗号化も方式がわかってしまうと（Flaskはオープンソースなので誰でも自由に暗号化ロジックを参照できます）、結局情報の改変が行えてしまうので、暗号化の際に誰にも知りえない「secret_key」というものを設定することになっています。

今回のサンプルでは、「app.secret_key」にosモジュールの「urandom」という関数を用いて秘密の鍵を生成しています。この方法では、スクリプトを終了すると設定した秘密のキーが消えてしまい、起動するたびに新しいキーが生成されます。実際はあらかじめ生成しておいた秘密のキーを設定ファイル等に記述して、毎回同じキーを設定するようにします。

試しにWebブラウザの開発補助機能でCookieに格納されている値を見てみると、意味のわからない情報になっています（**リスト13.3**。secret_keyによって生成される値は異なります）。これならどんな値が保存されているかもわかりませんし、どう変更すると数字を替えられるのかもわかりませんね。

リスト13.3 cookieに格納されているsessionの値の例

```
eyJjb3VudGVyIjozfQ.CF76Dg.N0mFnwDn6HA_55sX3NbCRg_2K0g
```

Firefoxでは、メニューから［ツール］→［ページの情報］→［セキュリティ］→［Cookieを表示］とたどると、現在表示しているページのCookie情報を参照できます。

◆セッションに関わる脆弱性

Cookieにはいくつかの属性があり、セッションの管理に用いる場合には特に注意深く検討する必要があります。なぜなら、WebブラウザからWebサーバへ送る情報に状態（ないしはサーバ側の状態）との紐付けを行える情報だからです。SSLを用いていないページでCookieを利用すると、セッションに関する情報が平文でHTTPヘッダとして送られてしまうので、通信をのぞき見られた場合には、「セッションハイジャック」と呼ばれる方法でユーザのなりすましを行われてしまいます。SSL通信時のみ送受信するCookie属性を用いるとよいでしょう。Flaskでは、Flaskインスタンスのconfig属性で「SESSION_COOKIE_SECURE」をTrueにすると、SSL通信時のみWebブラウザがサーバへ送信するCookieを生成します[注1]。

注1）Cookieのsecure属性は、SSL通信するページと非SSL通信するページの混在したサイトでのセッション維持で問題になります。可能であればインターネット経由で公開するWebサイトはすべてSSL通信に、というのが時代の流れのようです。少なくともユーザの識別を行う範囲はSSL通信とし、セッション用のCookieはsecure属性をTrueにして運用すべきでしょう。

13-1-3　セッションの消失

　datastore01.pyの例では、いったんWebブラウザを閉じて開き直すとcounterが初期化されました。何が起きたのでしょうか。

　この動作は、FlaskからWebブラウザへ渡したCookieに秘密があります。

　Cookieには「セッションクッキー」と「パーシステントクッキー」の2種類があります。セッションクッキーは、Webブラウザが閉じられるまでの間が有効期間です。対するパーシステントクッキーは有効期間が指定されたもので、指定した有効期間が切れるまではファイルに保存されてWebブラウザを閉じても生存します。

　Flaskのセッションでパーシステントクッキーを使うには、「permanent」属性にTrueを設定します。

```
session.permanent = True
```

　datastore02.pyを実行してWebブラウザでアクセスし、Cookie情報を見てみましょう（**図13.2**）。有効期限が設定されているはずです。有効期限はアクセスするたびに延長されます。

図13.2 有効期限が設定されたCookie

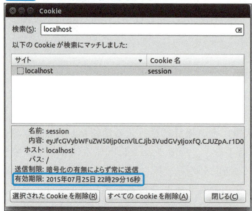

　また、サーバ側にセッションの状態を保持しておく仕組みの場合には、セッションがいつまでも保存されたままにならないよう、定期的に古いセッションのクリーンアップを行う必要があります。有効期限を過ぎたセッションデータは二度と使われることがないからです。

13-2 データベースの基礎

　ここまでに見てきたHTTPセッションで、サーバ側にデータを保持しておく場合にはどのようにするのがよいでしょうか。

　ファイルに保存していた場合には、Webアプリケーションサーバが複数台になると途端に困ることになります。1台のWebアプリケーションサーバに保存してしまうと、別のWebアプリケーションサーバに接続したときに必要な情報がありませんよね。

　これを解決するには、共有のディスクを用意して、複数のWebアプリケーションサーバから読み書きできるようにする必要があります。それでも利用するユーザが大量になってくると、1台の共有ディスクでは負荷が高くなり、サービスに支障をきたすかもしれません。

　また、HTTPセッションだけではなく、「CGM（Consumer Generated Media）」のようにユーザが情報を登録するようなサービスの場合は、複数のユーザのデータを串刺しにして最新のデータを取り出したいかもしれません。

　そういった用途に使われ続けている仕組みに「DBMS（Database Management System）」があります。ここでは主に行指向の「Relational Database」を取り上げます。近年では「KVS（Key Value Store）」と呼ばれる単一データの取り出しが超高速なものや、巨大データの集計に適した列指向のRelational Databaseも扱われることも多いのですが、汎用的に利用できる行指向Relational Databaseを最初に学んでおくのがよいでしょう。

◆トランザクションとACID特性

　ファイルシステム（いわゆる通常のファイル）を利用してデータの記録をするプログラムを考えてみましょう。あるユーザAの操作をファイルに記録する間に、別のユーザBの操作を同じファイルに書き込もうとすると、何が起きるでしょうか。

❶ ユーザAの操作のためにファイルXを読み込む
❷ ユーザBの操作のためにファイルXを読み込む
❸ ユーザAの操作をファイルXに書き込んで保存する
❹ ユーザBの操作をファイルXに書き込んで保存する

　何が問題か、わかりますか？ ❸の処理の前に❷の処理が行われているので、❹の処理で❸の処理が消えてしまうのです。

　このような、ユーザの複数にわたる操作のひとまとまりを「トランザクション（Transaction）」と呼びます。ユーザAの操作❶・❸と、ユーザBの操作❷・❹は、別

のトランザクションです。DBMSはこのトランザクションを正しく扱うことを主眼に成り立っています。トランザクションの制御は、アプリケーションごとに開発するほど単純ではなく、既存のDBMSを利用することがほとんどでしょう。

もう少し詳しくトランザクションについて見ていきましょう。トランザクションには満たさないといけないとされる「ACID」という特性があります。ACIDとは、Atomicity（原子性）、Consistency（一貫性）、Isolation（独立性）、Durability（永続性）の4つの頭文字を取ったものです。

- **Atomicity**
  原子性は、一連の操作（トランザクション）はすべて成功するかすべて失敗するかのいずれかでなくてはならないという性質です。途中までは成功してその先は失敗という状態が発生することは許されません。
- **Consistency**
  一貫性は、整合性がとれた状態以外は許さないという性質です。トランザクションのある部分で定義した制約を違反しそうになった場合には、すべての状態を元に戻さなければなりません。
- **Isolation**
  独立性は、トランザクションがそれぞれ独立していなければならないという性質です。トランザクションAが完了する前に、別のトランザクションBがトランザクションAの影響を受けてはいけないということです。
- **Durability**
  永続性は、完了したトランザクションの結果は永続化されていなければならないという性質です。永続化というのは、例えばDBMSの稼働しているシステムが不正に終了したとしても、復旧するために必要な情報として、システムが不正に終了するまでの間に行われた操作が記録されていなければならないということです。

DBMSは、こういった面倒な部分をカバーしてくれる仕組みです。もちろん、適切に指示を出さなければデータは壊れてしまいます。正しく使えば非常に便利な仕組みなので、しっかりと学んでいきましょう。

13-2-1　SQL

まずRelational Databaseがどのようなものなのか、概要を見ていきましょう。**表13.1**を見てみてください。

表13.1 社員表

社員名	部	課	電話番号	内線	役職	
A	営業本部	一課	020-1234-5678	111	課長	
B	営業本部	一課	020-1234-5678	112	係長	
C	営業本部	一課	020-1234-5678	113	一般社員	
D	営業本部	二課	020-1234-5679	211	課長	
E	総務部	総務課	020-1234-5677	011	部長	

　表＝Table、です。Relational Databaseの特徴がこの**表13.1**に詰まっています。**表13.1**をよく見ると、同じものを指している項目がありそうです。そう、「部」「課」「役職」は、複数の行に同じ内容が登場していますね。「電話番号」も同じ番号が複数の行に登場しています。これは社員の表ですが、部署の一覧表や、部署毎の社員の表といったたくさんの表があったとします。もし、営業本部の名前が変更になるとしたらどうでしょう。複数の表にある「営業本部」をすべて置換していかなければなりません。

　次に、**表13.2**、**表13.3**を見てください。

表13.2 部表

ID	部名
1	営業本部
2	総務部

表13.3 課表

ID	部ID	課名	外線
1	1	一課	020-1234-5678
2	1	二課	020-1234-5679
3	2	総務課	020-1234-5677

　表に「ID」という列があり、数字で表現されています。課表（**表13.3**）の部IDと部表（**表13.2**）のIDが同じものをつなぎ合わせると、社員表の部課の部分を表現できそうです。社員表はどの課に属しているか、内線番号は何か、役職（これも表にできそうですね）は何か、といった情報で課表の1行を指し示せば、課などの共通の情報は表の1行だけになります。これならば、仮に部署の名前が変わった場合にも部表の1行だけを直せばよさそうです。

　このように、複数の表の関連でデータを表していくデータベースのことを、

Relational Databaseと呼びます。ここまで非常に難しそうな説明が出てきましたが、表を見てしまえば、考え方は簡単であるということがおわかりいただけたでしょうか。

　Relational Databaseで表の操作を行うためには、「SQL」というものを利用します。SQLはStructured Query Languageというもので、データベースや表の定義を行うための「DDL（Data Definition Language）」、データの操作を行う「DML（Data Manipulation Language）」、データベースの制御を行う「DCL（Data Control Language）」の3つに分類できます（**表13.4**）。通常はそれがDDLなのかDMLなのか、あるいはDCLなのかといったことはあまり意識しないので、そういう分類がされるという程度に覚えておきましょう。

表13.4 SQLの分類

種類	用途	代表的なもの
DDL	定義を行う	CREATE、DROP、ALTERなど
DML	データの操作を行う	INSERT、UPDATE、DELETEなど
DCL	データベースの制御を行う	GRANT、REVOKEなど

◆MySQLでDBMSに触れてみよう

　データベースの使い方を簡単に見ていきましょう。開発を簡単に始めるには、「sqlite」というデータベースが手軽でよいのですが、データベースを学ぶという目的からすると、やや簡易に過ぎる部分があります。

　せっかくですので、「MySQL」という人気のあるDBMSを利用してみましょう。開発時には手元ではsqliteを使う、という選択は悪くありません（もちろん、実際の稼働環境での動作確認は別途行う必要がありますが、それは開発時に本番環境と同じDBMSを使っていても同じでしょう）。

　はじめに、MySQLサーバを起動します。terminalを開いて、以下のコマンドを実行します。「sudo」という特権が必要なコマンドを用いるので、コマンド実行後にパスワードを入力しなければなりません、guestユーザのパスワードを入力します。

```
$ sudo service mysql start
```

　特にエラーのようなものが表示されなければ、起動は完了です。

◆データベースとユーザ

　MySQLに接続するには、terminalで「mysql」コマンドを実行します。

```
$ mysql -u root
```

rootユーザはMySQLに最初から存在するユーザです。このmysqlのユーザは、本書付録のOSに存在するシステムのrootユーザとは別のものです。

本書の付録の環境では、MySQLのインストール時にrootユーザのパスワードは設定していないので、先ほどのコマンドで接続できます（**図13.3**）。

図13.3 MySQLへの接続に成功

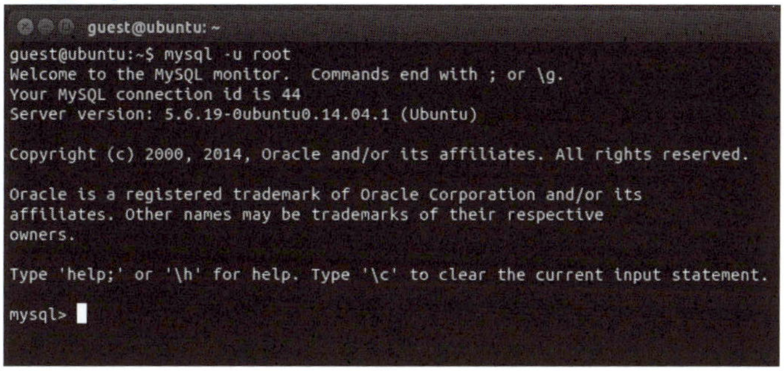

```
guest@ubuntu:~$ mysql -u root
Welcome to the MySQL monitor.  Commands end with ; or \g.
Your MySQL connection id is 44
Server version: 5.6.19-0ubuntu0.14.04.1 (Ubuntu)

Copyright (c) 2000, 2014, Oracle and/or its affiliates. All rights reserved.

Oracle is a registered trademark of Oracle Corporation and/or its
affiliates. Other names may be trademarks of their respective
owners.

Type 'help;' or '\h' for help. Type '\c' to clear the current input statement.

mysql>
```

接続できたら、次のSQLを入力してみてください。データベースの一覧を表示するSQLです。

```
mysql> show databases;
+--------------------+
| Database           |
+--------------------+
| information_schema |
| mysql              |
| performance_schema |
| test               |
+--------------------+
4 rows in set (0.01 sec)
```

いくつかのDatabaseが出てきました。MySQLは、1つのDBMS上に複数のDatabaseを持ちます。このDatabaseというのは、データを格納する表（テーブル）やデータ自体、検索の効率を上げるためのインデックスなどをまとめたものです。

13時間目 データの保存

DBMSによってはSCHEMA（スキーマ）と呼ばれることもあります。

早速Databaseを作成してみましょう。

```
mysql> CREATE DATABASE `python15h` CHARACTER SET = 'utf8mb4';
```

先ほどのデータベース一覧を表示するSQLを実行すると、Databseが1つ増えているはずです。

このままrootユーザで作業を続けていくのは望ましくないので、MySQLにユーザを作成しましょう。python15hデータベースに対してのみ操作を行えるユーザを作成します。

```
mysql> CREATE USER 'pythonista';
```

pythonistaというユーザを作成しました。おっと、ユーザを切り替えるのはまだ少しだけ早いです。

作りたてのユーザにはデータベースに対する権限がありません。python15hデータベースに対する権限を付与しましょう。

```
mysql> GRANT ALL ON python15h.* TO 'pythonista'@'localhost' ↩
identified by 'love python!';
```

この例では、localhostから接続しているpythonistaユーザに対して、python15hデータベースのすべて（ALL）の権限を許可しています。接続の際にはパスワードが必要です。

> **書式**
>
> GRANT ＜権限＞ [＜カラム＞, ＜カラム＞, …] ON ＜データベース＞.＜テーブル＞ TO '＜ユーザ＞'@'＜接続元ホスト＞' identified by '＜パスワード＞';

GRANTは権限を設定するSQL（DCL）です（権限を削除するREVOKEもありますが、REVOKEは本書では扱いません）。データベースとテーブルを「*」にした広範囲な設定から、データベース、テーブル、カラムまで指定した局所的な設定まで行えます。

ALL権限は、指定したレベル（データベースやテーブルといった範囲）で得られるすべての権限を保有します。ただし、該当の範囲に対しても、他のユーザへのGRANT権限は付与されません。また、FILE権限のように個々のレベルでは付与できない権限

もあります。

　MySQLの権限は個々の機能に対して設定可能なので、実際に必要なものを順に追加していくとよいでしょう。可能な限り小さな権限を付与していけば、ミスによってデータを失ったり、データを流出したりといったことを防げます。

　それでは、作成したユーザで接続し直しましょう。mysqlのコンソールで Ctrl + D を押すか、「quit」と入力してエンターキーを押せば、mysqlのコンソールを抜けます。

　接続するときは、以下の構文を使いましょう。「接続先ホスト」はlocalhostの場合には省略できます。「データベース」は省略してもかまいません。「データベース」を省略した場合には、mysqlのコンソールで「connect <データベース>」としてデータベースに接続します。最後の「-p」オプションは、パスワードの入力モードに入ることを指示しています。

> 書式

```
mysql -u <ユーザ> -h <接続先ホスト> <データベース> -p
```

◆テーブルの作成

　MySQLにpythonistaユーザで接続できたら、SQL（DDL）でテーブルを作ってみましょう。以下のSQLで2つのテーブルを作ります。

```sql
create table python15h.department (
  id int not null auto_increment,
  name varchar(50) not null,
  primary key(id)
) engine=innodb default character set utf8mb4;

create table python15h.section (
  id int not null auto_increment,
  department_id int not null,
  name varchar(50) not null,
  tel varchar(13) not null,
  primary key(id),
  foreign key(department_id) references python15h.department(id)
```

13時間目 データの保存

```
) engine=innodb default character set utf8mb4;
```

打つのが面倒な場合には、付録のsqlファイルから投入できます（成功した場合にはコマンドからメッセージは出力されません）。MySQLコンソールを抜けてmysqlコマンドを利用します。外部ファイルからのSQL実行は、ファイルパスをコマンドにリダイレクトします。

```
$ mysql -u pythonista -p < /home/guest/python15h/chapter13/↴
datastore01.sql
```

sqlファイルからの投入時、今回は接続先のホストと接続先のデータベースを省略しました。接続先のデータベースを省略しても、正しくpython15hデータベースにテーブルが作られているはずです。MySQLでは、データベースとテーブルを「.」でつなぐことで指定できるからです。テーブル定義（create table文）は、簡単に表すと以下のような構文です。

> **書式**
>
> ```
> create [<データベース>.]<テーブル>(
>   <カラム名> <型> <カラムの制限や特徴>,
>   <制約等>
> ) <テーブル設定>, <パーティション設定>;
> ```

departmentテーブルのテーブル定義でカラムの行を見てみましょう。

```
id        int       not null    auto_increment,
カラム名   データの型   制約        自動採番の指示
```

この例の「id」というカラムの定義は、整数型でnullは許さず、指定がない場合には自動で数値をインクリメントしていく、という定義です。「null」というのは、空文字のことではなく、「未定義」を表すものです。「not null」の場合には、何らかの値を入れなければ許されないという制限です。ただし、この例のidカラムの場合は続けて「auto_increment」と書いています。このauto_incrementは、データ追加の際に対象のカラムの値が無指定の場合に自動で採番をしてくれる便利なものです。

```
primary key(id)
```

primary keyはテーブル上でデータを指し示すためのもので、通常はテーブル上で一意（同じ値が2個あってはいけない）でnullは許容されないという特徴を持ちます。複数のカラムで構成することも可能ですが、後述するO/R Mapperの登場により、「代理キー」と呼ばれる、それ自体は意味を持たない単一の数値カラムをidという名前で定義しておくことが増えています（O/R Mapperで特に指定をしない場合、idというprimary keyがあることを期待するライブラリが一定数存在するためです）。

◆外部キー制約

続いてsectionテーブルのテーブル定義を見てください。

```
foreign key(department_id) references python15h.department(id)
```

「foreign key」という定義があります。この例は「sectionテーブルのdepartment_idはdepartmentテーブルのidを参照する」という意味になります。sectionテーブルにデータを入れる際、department_idにはdepartmentテーブルのidに存在する値しか許容しないということになります。これを「外部キー制約」といいます（図13.4）。

図13.4 外部キー制約

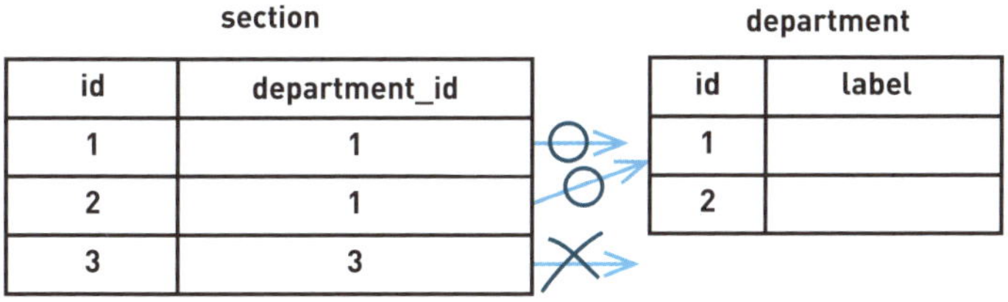

section			department	
id	department_id		id	label
1	1		1	
2	1		2	
3	3			

◆insert、update、delete

では、いよいよデータを登録してみましょう。guestユーザでMySQLに接続しているか確認してください。データの登録には「insert」文を利用します。

```
mysql> set names utf8mb4;
mysql> insert into python15h.department(name) values ('営業本部');
mysql> insert into python15h.department(name) values ('総務');
```

先ほどから何度か「set names utf8mb4」と出てきています。これは、「utf8mb4」で入力を行います、という宣言です。データベース作成時にもテーブル作成時にも文字コードを指定していますが、クライアントとしての文字コードは「utf8mb4」であ

るという宣言です。mysqlの設定ファイルにクライアントの文字コードを書くことで省略できますが、プログラムやSQLで明示的に宣言する癖を付けておくとよいでしょう。

では、どう登録されたか見てみましょう。

```
mysql> select id, name from python15h.department;
+----+--------------+
| id | name         |
+----+--------------+
|  1 | 営業本部     |
|  2 | 総務         |
+----+--------------+
2 rows in set (0.00 sec)
```

おっと、総務部の「部」を忘れてしまいました。情報の更新は「update」文を使います。

```
mysql> update python15h.department set name = '総務部' where id = 2;
Query OK, 1 row affected (0.03 sec)
Rows matched: 1  Changed: 1  Warnings: 0
```

update文では条件指定に「where」が登場します。条件指定がないと全件が更新されてしまうので、条件指定を間違えないようにしましょう。

> **書式**
>
> update [<データベース>].<テーブル> set <カラム> = <更新後の値>[, <カラム> = <更新後の値> …]
> where <条件1> = <条件の値> [and|or <条件2> = <条件の値>];

データを削除する「delete」文も、whereを使えます（誤ると全件削除してしまうので、十分に注意してください）。

> **書式**
>
> ```
> delete from [<データベース>].<テーブル> where <条件1> = <条件の値>
> [and|or <条件2> = <条件の値>];
> ```

また、Pythonでは比較に「==」を用いていましたが、SQLでは更新用の「=」も条件指定の「=」も同じく「=」です。

更新をしたら、もう一度departmentテーブルをselectで見てみましょう（まだ忘れてませんよね？[注2]）。

◆transaction

updateやdeleteで、誤ると全件が対象になるとおどかしました。おどされても困るのだけど……と思いますよね。

SQLには「transaction」という複数の操作を1つの操作にまとめる機能があります。DBMSの特徴で触れたことを覚えていますか。

DMLでデータの操作をする際にはtransactionを開始しておくと、万が一の際にもまとめて取り消せます。操作を始めるときにはtransactionを開始する癖を付けましょう。transactionは以下のように動作します。

```
mysql> start transaction;
Query OK, 0 rows affected (0.00 sec)

mysql> delete from python15h.department;
Query OK, 2 rows affected (0.01 sec)

mysql> select * from python15h.department;
Empty set (0.00 sec)    ←なくなってしまいました！

mysql> rollback;
Query OK, 0 rows affected (0.00 sec)

mysql> select * from python15h.department;
```

注2) mysqlコンソールは ↑ キーで履歴をたどれるので、手抜きができます。

```
+----+-----------+
| id | name      |
+----+-----------+
|  1 | 営業本部  |
|  2 | 総務部    |
+----+-----------+
2 rows in set (0.00 sec)
```

「start transaction;」でトランザクションの開始、「rollback;」でトランザクション内の操作の取り消し、rollbackせずに「commit;」とするとトランザクション内の操作を確定します[注3]。

◆join

冒頭で紹介した社員表を覚えていますか？ 部課や電話番号が含まれている大きめの表（**表13.1**）のことです。そこから同じものを指していそうな内容を個別に表にしていきました。今度は逆につないでみましょう。まずは、sectionテーブルにデータを入れておきます。

```
insert into python15h.section(id, department_id, name, tel) values
    ('1', '1', '一課', '020-1234-5678'),
    ('2', '1', '二課', '020-1234-5679'),
    ('3', '2', '総務課', '020-1234-5677');
```

departmentテーブルとsectionテーブルをつないでみます。

```
select
  sec.id as section_id, dep.id as department_id,
  dep.name as department_name, sec.name as section_name, sec.tel
 from python15h.department dep, python15h.section sec
 where sec.department_id = dep.id;
```

注3)「start transaction」は「begin」と記述することもあります（MySQLでは意味に違いはありません）。

```
+------------+---------------+-----------------+--------------+----------------+
| section_id | department_id | department_name | section_name | tel            |
+------------+---------------+-----------------+--------------+----------------+
|          1 |             1 | 営業本部        | 一課         | 020-1234-5678  |
|          2 |             1 | 営業本部        | 二課         | 020-1234-5679  |
|          3 |             2 | 総務部          | 総務課       | 020-1234-5677  |
+------------+---------------+-----------------+--------------+----------------+
```

　sectionテーブルの各行に設定したdepartment_idは、departmentテーブルのidを指し示しているので、sectionテーブルのdepartment_idとdepartmentテーブルのidが一致するものという条件でdepartmentテーブルとsectionテーブルをselectしています。これを「等価結合」と呼びます（名前を覚える必要はありません）。

　では試しにwhere以降を消してselectを実行してみてください。これは「単純結合」と呼ばれる結合になります。

> **Column　バッチインサートとauto_incrementの直接指定**
>
> 　sectionテーブルへのインサートには「バッチインサート」を使いました。バッチインサートは、1つのインサート文で複数の行を挿入する方法です。データ量が減るだけでなく、投入の速度も速いため、大量のデータ投入に適しています。
>
> 　auto_incrementは自動で採番されますが、値を直接指定しても問題はありません（もちろん、primary keyでの値の重複は許されません）。直に入れた場合にも、auto_incrementの自動採番の値は自動で最大の次の値になります。
>
> 　MySQL以外のDBMSの場合は、「シーケンス」と呼ばれるテーブルの状態とは別の採番専用オブジェクトを用いることがあり、その場合には値を直接指定すると採番専用オブジェクトと状態が乖離して問題が発生します。利用するデータベースの仕組みについて確認しておきましょう。

13-2-2　O/Rマッピング

　ここまで長いことPythonが出てきませんでした。プログラムからDBMSを扱う方法は、主に2種類に分類されます。

　1つは今まで見てきたSQLを用いる方法です。mysqlコンソールではなくプログラ

ムからSQLを動的に組み立てたり、実行結果を取り出したりします。Pythonでは「DBAPI2」という仕様でDBMSへの接続方法等が共通化されています。接続するDBMSの種類ごとに別のライブラリを利用しますが、RDBMSへ接続した後は似たようなプログラムの記述で扱うことができます。

　もう1つはPythonのオブジェクトに対する操作を、Relational Databaseへの操作へマッピングする、「O/R Mapper」と呼ばれる仕組みを用いる方法です。ここではWebアプリケーション開発で主流となっているこのO/R Mapperについて見ていきます。

13-3 データベース操作

13-3-1　PythonのO/R Mapper

　「SQLAlchemy」というライブラリを使い、O/R Mapperについて学んでいきましょう。

　O/R Mapperは、PythonのオブジェクトとRelational Databaseのデータをマッピングするものですが、利点はそれだけではありません。SQLは標準仕様が策定されていますが、どのバージョンのどの仕様に対応しているかがDBMSごとにまちまちであったり、SQLのDBMS方言があったりと、まったく同じSQLでは動作しないことがあります。O/R Mapperは、データベースの操作をPythonのオブジェクトを通じて行うことで、利用するデータベースごとのSQL方言を吸収出来る利点もあるのです。

　Pythonにはよく使われるO/R Mapperがいくつかあります。歴史のあるSQLObjectや、DjangoというメジャーWebアプリケーションフレームワーク付属のO/R Mapper、そして今回学ぶSQLAlchemyの3つが特に使われることが多いでしょう。

　SQLAlchemyは、SQLの表現力を活かすことができるO/R Mapperです。DjangoのO/R Mapperもテーブルの関連をクラスの継承とマッピングさせるなどの高度なマッピング機能がありますが、Djangoの特徴を実現するために作られたO/R Mapperなので、SQLの表現力から見るとやはり限定的です。単体のO/R MapperであるSQLAlchemyは、SQLの実行結果をオブジェクトにマッピングすることもできるなど表現力の高さが光ります。

　SQLAlchemyは、「Unit of Work」という「デザインパターン」（よく使われる設計に名前を付けたもの）を使っています。Unit of Workでは、個別の操作ごとにDBMSとやり取りはせず、管理対象になっているPythonオブジェクトの状態を追跡し、必要に応じてまとめてSQLを実行します。言葉で説明してもわかりにくいので、

実際のプログラムだとどうなるかを擬似コードで見てみましょう。

個別に指令を出す（SQLを実行する）タイプ（DjangoのO/R Mapper等）では、RDBMSの1レコードを表すPythonのクラスインスタンス1つ1つについて、データベースで状態を更新するための指令（以下の場合はsaveメソッド）を出します。

```
some_data.hobby = 'サーフィン'
some_data.save()    ←指示によって対象データに関するSQLを実行
```

これに対し、必要になった時点で指令を出す（SQLをまとめて実行する）タイプは、個別のレコードに対して指示を出さず、Pythonのクラスインスタンスの状態をトラッキングしているオブジェクトがあります。そのオブジェクトに対してデータベースの状態を更新するための指令（以下の場合はflushメソッド）を出したり、データベースの状態が更新されていないとまずいことが起きる可能性が発生した自動で更新したりします。

```
session.add(some_data)    ← some_data を管理対象として登録
...
some_data.hobby = 'サーフィン'
...
session.flush()    ←複数の操作をまとめて SQL を実行
```

O/R Mapperの設計思想の違いで、どちらが良くどちらが悪いということはありませんが、プログラムの書き方が大きく変わるため、利用するO/R Mapperがどちらのタイプかをきちんと認識して使いましょう。Unit of Workパターンを使っているタイプはオブジェクトの状態をトラッキングしているため、プログラム上で一時的に状態を変えて……とすると、DBMS上のデータに反映されてしまって慌てることもあります（変更したのに保存を忘れたりと、逆もまた真ですが）。SQLAlchemyはUnit of Workの、DjangoのO/R Mapperは個別に指令を出すタイプのライブラリです。

13-3-2　データを保存しよう

早速SQLAlchemyでデータベースを利用してみましょう。

SQLAlchemyにはPythonのオブジェクトとデータベースのマッピングの仕方が複数あります。

- データベースの定義を表すクラスとPythonのビジネスロジックで利用するクラスをそれぞれ定義してマッピングする
- データベースの定義とPythonのビジネスロジックで利用するクラスを兼ねた宣言型のモデルクラスを定義する
- SQLの結果セットで表現されるデータの形をPythonのビジネスロジックで利用するクラスとマッピングする

今回は一番簡易な宣言型のモデルクラス定義で見ていきましょう。まとめたサンプルソースコードはdatastore03.pyにあります。

宣言型モデル定義を使うには、「sqlalchemy.ext.declarative」の「declarative_base」を利用します。declarative_baseは、宣言型でモデル定義を行う際の基底クラスを生成します。

```
from sqlalchemy.ext.declarative import declarative_base
Base = declarative_base()
```

続いて、生成したBaseクラスを継承し、カラムとデータ型を用いてテーブルと対応するモデルを定義します。

```
from sqlalchemy import Column, Integer, String, ForeignKey
from sqlalchemy.orm import relationship, backref

class Department(Base):
    __tablename__ = 'department'

    id = Column(Integer, primary_key=True)
    name = Column(String(50), nullable=False)
    sections = relationship("Section", backref=backref('department'))

    def __repr__(self):
        return 'Department: {0}:{1}'.format(self.id, self.name)

class Section(Base):
```

```
    __tablename__ = 'section'

    id = Column(Integer, primary_key=True)
    department_id = Column(Integer, ForeignKey('department.id'), ↲
nullable=False)
    name = Column(String(50), nullable=False)
    tel = Column(String(13), nullable=False)

    def __repr__(self):
        return 'Section: {0}:{1}'.format(self.id, self.name)
```

　「__table__」には対応するデータベースのテーブル名を設定します。SQLを学んだ際に見てきたcreate tableに近い雰囲気でモデルを定義できます。「__repr__」メソッドは、SQLAlchemyだからということではなく、オブジェクトの中身を確認しやすいように定義しました。
　O/R Mapperによっては、「id」という名前のprimary keyは暗黙で生成されますが、SQLAlchemyでは明示的に定義する必要があります。
　nameの定義は、文字列のカラムで最大50文字ということを表しています。利用するデータベースによっては文字長の制限は不要ですが、MySQLの場合には文字長の制限が必要です。
　Sectionクラスのdepartment_idは、foreign keyを表しています。SQLのforeign keyの宣言の仕方は覚えていますか？
　Departmentクラスのsectionsは、親から子をたどる（子供が自分のキーを持っている）ためのものです。このrelationshipの定義によって、Departmentインスタンスのsections属性へのアクセスが可能になります。
　テーブルと対応するモデルクラスを定義した後は、利用するデータベースの設定やデータベースの接続オブジェクトの生成を見ていきましょう。

```
from sqlalchemy import create_engine
from sqlalchemy.orm import sessionmaker


engine = create_engine(
    "mysql+pymysql://pythonista:love ↲
python!@localhost/python15h?charset=utf8mb4",
```

13 時間目 データの保存

```
    echo=True)
metadata = Base.metadata
metadata.create_all(engine)

Session = sessionmaker(bind=engine)
session = Session()
```

「create_engine」で、データベースを表すエンジンオブジェクトを作成します。create_engine は接続用の文字列を引数にとります。

書式

<データベース>+<接続アダプタ>://<ユーザ>:<パスワード>@<ホスト>/<データベース>?<オプション>

　MySQL 用の接続アダプタには「MySQLdb」というものがよく使われますが、今回は pure Python のライブラリ（C 言語で書かれた接続プログラムなどを Python から利用するのではなく、Python のみで書かれたライブラリ）である「pymysql」を使うことにしました。create_engine の引数 echo は、SQL のデバッグアウトをするかどうかを指定します。

　「Base」はモデル定義の基底クラスですが、それだけではなく、モデルの定義情報を「metadata」に保持しています。「metadata.create_all」は、データベースにテーブルがなければモデル定義からテーブルを作成します（今回は作成済みです）。

　「sessionmaker」は、engine への接続セッションを生成します。通常のクラスではなく、sessionmaker で Session のファクトリークラスを生成しています。接続セッションに対する設定は sessionmaker であらかじめ行っています。この先のサンプルでは頻繁に sessionmaker で Session を生成しますが、通常は 1 アプリケーションの接続設定ごとに 1 回行えばよいものです（後はそのつど「Session()」を呼び出して接続セッションインスタンスの生成を行います）。

　それでは、Python のインタラクティブシェルでスクリプトを読み込んでみましょう。スクリプトファイルを読み込んで最後まで実行された状態のままインタラクティブシェルに入るには、i オプションを使います。

　terminal を開いて Python のインタラクティブシェルを起動します。インタラクティブシェルが起動したら、datastore03.py の読み込み時に生成した session オブジェクトを利用して、データベースからデータを取り出してみましょう。

```
$ source ~/venv/chapter13/bin/activate
$ cd ~/python15h/chapter13
$ python -i datastore03.py
>>> department = session.query(Department).first()
>>> department
Department: 1: 営業本部
```

sessionのquery関数にモデルクラスを指定して、1件目を取り出しています。「first」の代わりに「all」を使えば、全件をiterableに取り出せます。departmentを評価すると、Departmentクラスの__repr__が呼び出されます。きちんとデータベースに登録された値を取り出せていますね。

次は、Departmentクラスに定義したrelationshipを試してみましょう。sections属性で参照できるということでしたね。

```
>>> department.sections
[Section: 1: 一課 , Section: 2: 二課 ]
>>> department.id
1
>>> department.sections[0].department_id
1
```

departmentのidと、department.sectionsで取り出せるSectionインスタンスのdepartment_idが一致しています。

次に、まだテーブルを作成していないPositionとEmployeeのモデルを定義します（datastore04.pyに全文があります）。

```python
class Position(Base):
    __tablename__ = 'position'

    id = Column(Integer, primary_key=True)
    name = Column(String(50), nullable=False)


class Employee(Base):
```

```python
    __tablename__ = 'employee'

    id = Column(Integer, primary_key=True)
    first_name = Column(String(50), nullable=False)
    last_name = Column(String(50), nullable=False)
    section_id = Column(Integer, ForeignKey('section.id'), ↲
nullable=False)
    position_id = Column(Integer, ForeignKey('position.id'), ↲
nullable=False)
    section = relationship("Section", backref=backref('employees'))
    position = relationship("Position", backref=backref('employees'))
```

datastore04.pyを実行してから、mysqlのプロンプトでテーブルの一覧を表示してみましょう。

```
mysql> show tables;
+--------------------+
| Tables_in_python15h |
+--------------------+
| department         |
| employee           |
| position           |
| section            |
+--------------------+
4 rows in set (0.02 sec)
```

metadata.create_allの説明を覚えていますか？ まだ作っていなかったはずのpositionテーブルとemployeeテーブルが作られています。これらのテーブルの定義情報を見てみましょう。MySQLの場合は「show create table」文で見られます（実行結果は一部省略しています）。

```
mysql> show create table employee;
```

```
CREATE TABLE `employee` (
  `id` int(11) NOT NULL AUTO_INCREMENT,
  `first_name` varchar(50) NOT NULL,
  `last_name` varchar(50) NOT NULL,
  `section_id` int(11) NOT NULL,
  `position_id` int(11) NOT NULL,
  PRIMARY KEY (`id`),
  KEY `section_id` (`section_id`),
  KEY `position_id` (`position_id`),
  CONSTRAINT `employee_ibfk_1` FOREIGN KEY (`section_id`) REFERENCES ↵
`section` (`id`),
  CONSTRAINT `employee_ibfk_2` FOREIGN KEY (`position_id`) REFERENCES ↵
`position` (`id`)
) ENGINE=InnoDB DEFAULT CHARSET=utf8mb4
```

テーブルができているので、Positionにデータを登録してみましょう。datastore04.pyを実行しつつ、Pythonのインタラクティブシェルに入ってください。

```
>>> position1 = Position(name='部長')
>>> position2 = Position(name='課長')
>>> position3 = Position(name='係長')
>>> position4 = Position(name='一般社員')
>>> session.add(position1)
>>> session.add(position2)
>>> session.add(position3)
>>> session.add(position4)
>>> session.flush()
2015-06-26 21:20:55,160 INFO sqlalchemy.engine.base.Engine BEGIN ↵
(implicit)
2015-06-26 21:20:55,162 INFO sqlalchemy.engine.base.Engine INSERT ↵
INTO position (name) VALUES (%s)
```

```
2015-06-26 21:20:55,162 INFO sqlalchemy.engine.base.Engine ('部長',)
2015-06-26 21:20:55,164 INFO sqlalchemy.engine.base.Engine INSERT
INTO position (name) VALUES (%s)
2015-06-26 21:20:55,164 INFO sqlalchemy.engine.base.Engine ('課長',)
2015-06-26 21:20:55,165 INFO sqlalchemy.engine.base.Engine INSERT
INTO position (name) VALUES (%s)
2015-06-26 21:20:55,165 INFO sqlalchemy.engine.base.Engine ('係長',)
2015-06-26 21:20:55,166 INFO sqlalchemy.engine.base.Engine INSERT
INTO position (name) VALUES (%s)
2015-06-26 21:20:55,166 INFO sqlalchemy.engine.base.Engine ('一般社員',)
>>> session.commit()
2015-06-26 21:21:21,831 INFO sqlalchemy.engine.base.Engine COMMIT
```

　生成したモデルクラスのインスタンスをsessionにaddして登録します。この時点ではまだSQLは実行されません。sessionのflushメソッドあるいはcommitメソッドを呼び出すと、SQLが実行されます。この例の場合は、flushしてすぐにcommitをしていますので、flushせずにcommitしても同様です。

　positionテーブルに格納された値をmysqlのコンソールで確認してみてください。

13-3-3　データを上書き保存しよう

　続いてデータを変更してみましょう。Pythonのインタラクティブシェルが先ほどの状態であればそのままposition1の値を変更してもよいのですが、抜けてしまっていた場合には以下のように取り出します。

```
>>> positions = session.query(Position).filter_by(name='部長')
>>> position1 = positions[0]
2015-06-26 21:33:34,448 INFO sqlalchemy.engine.base.Engine SELECT
position.id AS position_id, position.name AS position_name
FROM position
WHERE position.name = %s
 LIMIT %s
2015-06-26 21:33:34,448 INFO sqlalchemy.engine.base.Engine ('部長', 1)
```

queryに検索条件を設定した時点では、SQLは実行されていません。queryをスライスして評価したタイミングでSQLが実行され、position1に結果がPythonのオブジェクトとして割り当てられます。

position1の「部長」を「本部長」に変更してみます。

```
>>> position1.name = '本部長'
>>> session.commit()
2015-06-26 21:36:52,579 INFO sqlalchemy.engine.base.Engine UPDATE
position SET name=%s WHERE position.id = %s
2015-06-26 21:36:52,579 INFO sqlalchemy.engine.base.Engine ('本部長', 1)
2015-06-26 21:36:52,581 INFO sqlalchemy.engine.base.Engine COMMIT
```

今回はflushせずにcommitを呼び出してみました。flushを呼んだのと同様にSQLが実行され、続いてコミットが行われています。

13-3-4 データを削除してみよう

削除はdeleteするデータとしてsessionに登録します（SQLの出力は一部省略しています）。

```
>>> section1 = session.query(Section).filter_by(name='一課').first()
>>> session.delete(section1)
>>> session.flush()
2015-06-27 12:27:40,576 INFO sqlalchemy.engine.base.Engine DELETE
FROM section WHERE section.id = %s
2015-06-27 12:27:40,576 INFO sqlalchemy.engine.base.Engine (1,)
```

続いてdepartmentテーブルのデータを削除してみましょう。

```
>>> department1 = session.query(Department).filter_by(name='営業本部').first()
>>> session.delete(department1)
>>> session.flush()
```

```
sqlalchemy.exc.IntegrityError: (pymysql.err.IntegrityError) ↵
(1048, "Column 'department_id' cannot be null") [SQL: 'UPDATE section ↵
SET department_id=%s WHERE section.id = %s'] [parameters: (None, 2)]
```

ずらずらとエラーが出力されてしまいました。department1を参照しているsectionデータをdepartment1を参照しないようにアップデートしようとしましたが、sectionテーブルのdeparment_idには外部キー制約の制限があり、空にできないためにエラーとなったのです。

◆カスケード

今実行したSQLをなかったことにしてから（ロールバックしてから）、Pythonのインタラクティブシェルを抜けましょう。

```
>>> session.rollback()
>>> exit()
```

次にDepartmentクラスを少し書き換えてみましょう。cascadeオプションを設定します（datastore05.py）。

```python
class Department(Base):
    __tablename__ = 'department'

    id = Column(Integer, primary_key=True)
    name = Column(String(50))
    sections = relationship("Section", cascade="delete", ↵
backref=backref('department'))

    def __repr__(self):
        return 'Department: {0}:{1}'.format(self.id, self.name)
```

relationshipのcacsadeオプションにdeleteを指定しました。再びdepartmentテーブルのデータの削除をしてみましょう。

```
>>> department1 = session.query(Department).filter_by↵
(name='営業本部').first()
>>> session.delete(department1)
>>> session.commit()
```

今度は問題なく削除できました。mysqlのコンソールで、データがどうなったか確認してみましょう。

```
mysql> select * from department;
+----+--------+
| id | name   |
+----+--------+
|  2 | 総務   |
+----+--------+
1 row in set (0.00 sec)

mysql> select * from section;
+----+---------------+--------+--------------+
| id | department_id | name   | tel          |
+----+---------------+--------+--------------+
|  3 |             2 | 総務課 | 020-1234-5677 |
+----+---------------+--------+--------------+
1 row in set (0.00 sec)
```

cascadeオプションにdeleteを指定すると、親が削除される際に、子供もカスケードして削除されます。

では、今度はdepartmentからsectionを外してみましょう。

```
>>> department2 = session.query(Department).filter(
    Department.name.like('総務%')).first()
>>> section3 = department2.sections[0]
>>> department2.sections.remove(section3)
```

```
>>> session.flush()
sqlalchemy.exc.IntegrityError: (pymysql.err.IntegrityError)
(1048, "Column 'department_id' cannot be null") [SQL: 'UPDATE section
SET department_id=%s WHERE section.id = %s'] [parameters: (None, 3)]
```

またエラーが出ました。いったんrollbackして、さらにcascadeのオプションに追加してみましょう（datastore06.pyに全文があります）。

```python
class Department(Base):
    __tablename__ = 'department'

    id = Column(Integer, primary_key=True)
    name = Column(String(50))
    sections = relationship("Section", cascade="delete,delete-orphan",
        backref=backref('department'))

    def __repr__(self):
        return 'Department: {0}:{1}'.format(self.id, self.name)
```

「python -i datastore06.py」でインタラクティブシェsルを開始して、もう一度先ほどのように「department2.secsions.remove」をしても、今度はきちんとsection3が削除されます（先ほどはsection3のdepartment_idにNullを入れようとして失敗しました）。cascadeオプションの「delete-orphan」は、対象の親がNullになる場合は削除するというオプションです。

cascadeオプションのデフォルトは「save-update, mearge」です。deleteなどのオプションを付ける際、「delete」や「delete-orphan」だけにしてしまうと、動作が変わってしまいます。「save-update」は、sessionに登録されているオブジェクトのrelationshipをたどってsessionに暗黙で追加するオプションです。save-updateを外してしまうと、例えば「department1.sections.append(new_section)」としてもnew_sectionがトラッキングされません（department1.sections自体も同様です）。

次の14時間目では11時間目から続けて見てきたWebアプリケーションの仕組みと、データベースの仕組みを組み合わせて、Webブラウザからデータの操作をできるようにしていきます。

Column 開発に便利なsqlite3

　Pythonの標準モジュールには、sqlite3というデータベースが含まれています。13時間目では、データベースの概要を知ってもらうために、あえて少し込み入ったMySQLを利用しました。sqliteはデータベースが1つのファイルとして保存されるため、バックアップなどが非常に容易といった利点があります。利用自体は非常に簡単です。

```
>>> import sqlite3
>>> conn = sqlite3.connect('./database.sq3') # ファイル名は
何でもよい
>>> conn.execute('CREATE TABLE company(id INTEGER PRIMARY
KEY, name TEXT)')
>>> conn.execute('insert into company(name) values
("test company")')
… # MySQLと同じように操作可能
>>> conn.close()
```

　O/R Mapperを利用すれば、データベースごとの細かい記述方法の差異を吸収できることもあり、開発時にのみsqlite3を用いることもあるようです。ただし、実際の挙動はデータベースによって異なることがありますので、テスト環境やステージング環境などは本番環境と構成を合わせておきましょう。

確認テスト

Q1 HTTPセッションとCookie役割を思い出してみましょう。

Q2 利用しているユーザの入力を受け取って一覧にしてみましょう。

Q3 身近なものをデータベースのテーブルにして、SQLやPythonでデータの登録をしてみましょう。

14時間目 Webアプリケーションの実践

ここまで学んだことを踏まえて、社員を登録するWebアプリケーションを作成してみましょう。

今回のゴール

- Webアプリケーションでデータの CRUD を開発できるようになる
- Webアプリケーションの3層構造を理解する

 データの登録をWebアプリケーションにしてみよう

14-1-1　Webアプリケーションライブラリの構成

まず、この章で利用するライブラリについて確認しておきましょう。

- **Flask**
  FlaskはWebアプリケーション用のフレームワークです。Webアプリケーション用のフレームワークの中では比較的小ぶりなものです。
- **WTForms**
  HTMLのformを扱う際に便利なライブラリです。HTMLのformを表示するだけではなく、ブラウザで入力されたデータをサーバ側で精査する機能もあります。
- **SQLAlchemy**
  Pythonの世界とRDBMSの世界をつなぐライブラリです。データベースの操作を行います。

FlaskとWTFormsは別の作者による別のライブラリです。しかし、あわせて使われることも多く、FlaskとWTFormsとの連携が便利になる、のり付け用のライブラリ「Flask-WTF」があります。Flask-WTF自体も、FlaskとWTFormsの作者とは別です。また、WTFormsとSQLAlchemyののり付け用のライブラリ「WTForms-Alchemy」、FlaskとSQLAlchemyののり付け用のライブラリ「Flask-SQLAlchemy」もあります（**図14.1**）。

図14.1 ライブラリとのり付けライブラリ

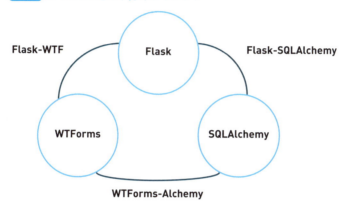

のり付けライブラリの目的は、より便利に統一感を持って利用できるようにすることです。個別のライブラリを組み合わせてWebアプリケーションを作ることも、もちろん可能です。ここまでFlaskとSQLAlchemyを個別のライブラリとして見てきたので、ここからはのり付け用のライブラリを使って組み合わせ、使っていく方法を見ていきましょう。

14-2 データの登録と変更

13時間目で作ったモデルを少しだけ書き直します。Flask-SQLAlchemyの力を借りて、Flaskの設定と同じ箇所に設定を書けるようになります。

14-2-1 データを一覧表示してみよう

まず、SQLAlchemyの設定をFlaskの設定と同じ場所に記述します。「webpractice」というパッケージを作りました。

webpracticeディレクトリの中に、__init__.pyとsettings.cfg、views.pyというファイルを、それぞれ以下のように記述します。views.pyは現時点では空のファイルを作っておきます。

リスト14.1 webpractice/__init__.py

```python
from flask import Flask
from flask.ext.sqlalchemy import SQLAlchemy

app = Flask(__name__)
app.config.from_pyfile('settings.cfg')
db = SQLAlchemy(app)


import webpractice.views
```

リスト14.2 webpractice/settings.cfg

```
SQLALCHEMY_DATABASE_URI = 'mysql+pymysql://pythonista:love ↵
python!@localhost/python15h?charset=utf8mb4'
SQLALCHEMY_ECHO = False
SECRET_KEY = b'\xbeC\xd9j\x12k\xc8\xa7\x16\xa70\xc3\x82A\xc9r\xaf\x0f\ ↵
xb2\xe5\xf5\xe6rJ\xf1\xa2kt\x9d%S\xf5'
DEBUG = True
```

　リスト14.1でFlaskのインスタンスappを生成し、「app.config.from_pyfile」関数でsettings.cfgのPythonで書かれた定義を読み込んでいます。

　続いて、13時間目に見てきたのとは少し違う方法でデータベースの接続オブジェクトを生成しています。「flask.ext.sqlalchemy.SQLAlchemy」にappを渡してインスタンスを作り、SQLAlchemyを利用できるようにします。のり付けライブラリのFlask-SQLAlchemyを使っているので、すっきりと定義できました。

　開発中なので、**リスト14.2**では「DEBUG」にTrueを指定しています。本番運用する際にはDEBUGをTrueのままにしないよう注意してください。Flaskのエラー時デバッグ画面ではコードの実行もできますし、設定内容の参照も容易なため、「非常に危険」です。

◆モデルを修正する

モデルに関してもFlask-SQLAlchemy経由に変更します。SQLAlchemyからインポートしていた各クラスを、Flask-SQLAlchemyの機能で作成した「webpractice.db」経由に変更します（**リスト14.3**）。

リスト14.3 webpractice/models.py

```python
from webpractice import db


class Department(db.Model):
    id = db.Column(db.Integer, primary_key=True)
    name = db.Column(db.String(50), nullable=False)
    sections = db.relationship("Section",
              cascade="save-update,merge,delete,delete-orphan",
              backref=db.backref('department'))
```

継承元のクラスは、dbを付けるだけではなく、「db.Model」に変更します。他のものについては「db.」を付ければ修正完了です。他のモデルについても同様に修正します（全ソースコードは付属のサンプルを参照してください）。

◆一覧用の関数を定義する

続いてwebpractice/views.pyに、一覧表示のためのデータを用意する関数を作ります（**リスト14.4**）。

リスト14.4 webpractice/views.py

```python
from flask import render_template, request, redirect, url_for
from webpractice import app, db
from webpractice.models import Employee


@app.route('/employees/', defaults={'page': 1})
@app.route('/employees/page/<int:page>')
def index(page):
    pagination = Employee.query.order_by('id desc').paginate(page)
```

```
return render_template('employee/index.html',
                        employee_list=pagination.items,
                        pagination=pagination)
```

「app.route」に複数のURLが定義してあります。実はEmployeeのデータを一定の件数ごとにページを分けて表示したいと思います。一覧を一定の件数ごとにページを分けて表示することを「ページング」といいます。ページの指定がない場合には1ページ目を指定されたことにしたいので、URLを複数定義しているのです。

index関数の中でEmployeeモデルのデータ抽出に続く「paginate」というメソッドは、Flask-SQLAlchemyがSQLAlchemyの機能に追加しているものです。データベースを扱うライブラリにページングの機能は想定されていないので、Flaskで利用する際に便利なように機能を追加しています。素のSQLAlchemyを使う場合は、自分でページングの機能を実装する必要があります。paginateにはページ番号以外に引数も渡せます。今回は何も渡していないので、デフォルト値の20ページごとという設定になります。

paginateメソッドが返すデータには、指定したページの分のEmployeeデータが「pagination.items」として格納されています。paginationオブジェクト自体もテンプレートに渡しているので、paginationだけをテンプレートに渡してもよいのですが、Employeeのデータとページング用のデータを別々に渡したほうがわかりやすいので、今回は別にしてあります。

続いてテンプレートを見ていきます（**リスト14.5**）。テンプレートは「templates」というディレクトリに配置することを覚えていますか？

リスト14.5 webpractice/templates/base.html

```html
<html>
  <head>
    <title>{% block title %}{% endblock %}</title>
    <link rel="stylesheet" type="text/css" ↴
href="/static/webpractice.css">
  </head>
  <body>
    <div id="header"></div>
    <div id="container">
      <div id="main">
```

```
      {% block main %}{% endblock %}
    </div>
   </div>
   <div id="footer"></div>
  </body>
</html>
```

◆**スタティック(静的な)ファイル**

すでに見てきた機能のみに見えるbase.htmlテンプレートですが、1つ重要なものが隠れています。

```
<link rel="stylesheet" type="text/css" href="/static/webpractice.css">
```

hrefに指定している「/static/」は重要な意味を持っています。Flaskでは「static」というディレクトリと「static」というパスには意味があります。Flaskのapp.routeで、Flaskのプログラムで扱うURLを定義することになっていました。しかし、staticというディレクトリとURLは、スクリプトとして処理しない静的なファイルを扱うディレクトリ、URLなのです。

このstaticは、Flaskをインスタンス化する際の引数として別の文字列を指定できます(URLとファイルパスを別々に設定することもできます)。デフォルトの変更の仕方はtemplatesディレクトリも同様です。今回はHTMLの見た目を制御するCSSファイルを静的なファイルとして定義しています。

◆**テンプレートマクロ**

ページングはEmployee以外でも利用できるかもしれません。プログラムでは再利用できるものは部品として切り出していました。Jinja2には「マクロ」というテンプレートエンジンの関数のようなものを定義する機能があります。少し複雑になってきましたが、しっかり流れを追ってください(**リスト14.6**)。

リスト14.6 webpractice/templates/index.html

```
{% extends 'base.html' %}

{% block main %}
{% for employee in employee_list %}
```

14時間目 Webアプリケーションの実践

```
{%- if loop.first -%}
  <table>
    <thead><tr><th> 所属 </th><th> 名前 </th><th> 電話番号 </th></tr>
</thead>
    <tbody>
{%- endif -%}
    <tr>
      <td>{{ employee.section.fullname }}</td>
      <td>{{ employee.last_name }} {{ employee.first_name }}</td>
      <td>{{ employee.section.tel }}</td>
    </tr>
{%- if loop.last -%}
    </tbody>
  </table>
{%- endif -%}
{% endfor %}
{% import 'macro/render_pagination.html' as paginate_macro %}
{{ paginate_macro.render_pagination(pagination, 'index') }}
{% endblock %}
```

macroを定義したテンプレートファイルを別名を付けてインポートします。利用する際には必要な引数を付けて、呼び出した結果を出力します。**リスト14.6**でインポートしているmacroのファイルを見てみましょう（**リスト14.7**）。

リスト14.7 webpractice/templates/macro/render_pagination.html

```
{% macro render_pagination(pagination, endpoint) %}
  <div class=pagination>
  {%- for page in pagination.iter_pages() %}
    {% if page %}
      {% if page != pagination.page %}
        <a href="{{ url_for(endpoint, page=page) }}">{{ page }}</a>
```

```
      {% else %}
        <strong>{{ page }}</strong>
      {% endif %}
    {% else %}
      <span class=ellipsis>…</span>
    {% endif %}
  {%- endfor %}
  </div>
{% endmacro %}
```

blockの定義のようにmacroの定義を行います。macroは関数として利用できるので、仮引数を定義しています。今回はページングを表現するためのpaginationとURLを表現するためのendpointが仮引数です。paginationにはページを表すオブジェクトのイテレータがあるので、ページオブジェクトを取り出しながらページを出力しています。

Employeeの一覧表示のために、テンプレートが3つも使われています。データを取り出してテンプレートに渡すまではシンプルでしたが、一連の流れをどのように処理が流れるのか想像しながら理解しておきましょう。

◆URLの動的生成

URLを直接書いてしまうと、Flaskのapp.routeに記述したURLと二重管理になってしまいます。テンプレートにはURLを直接記述せずに、Flaskの「url_for」関数を使って動的に生成します。url_forには、app.routeを設定している関数名と必要な引数を渡します。今回の場合は、indexが関数名、pageが必要な引数です。

14-2-2　WTFormと入力バリデーション

ここまでで一覧表示ができた気がしますが、まだデータがないので一覧表示の機能ができたか判然としていません。Employeeデータの追加をする機能を作りましょう。以下の1行をemployee/index.htmlに追加します。

```
<a href="{{ url_for('add_employee') }}">Add Employee</a><br />
```

url_forに関数の名前を「add_employee」と書いたので、views.pyに関数を追加し

ます。

```
@app.route('/employees/add', methods=['GET', 'POST'])
def add_employee():
    pass
```

とりあえずは何もしない関数を定義しました。「route」にはHTTPメソッドのGETとPOSTを受け付けると宣言しました。今回はGETメソッドで呼び出されたときに追加の画面を表示し、POSTメソッドで呼び出されたときにデータの登録を行います。

◆入力データに関する機能をまとめよう

12時間目では、GETやPOSTされたデータは、項目を指定してrequest.argsやrequest.formから取り出していました。ここからは入力データを扱うために、「WTForms」というフォームライブラリを利用します。また、今回はSQLAlchemyとFlaskを利用していますので、「WTForms-Alchemy」と「Flask-WTForms」というのり付けライブラリも利用します。

フォームライブラリを利用すると、以下のようなメリットを得られます。

- 入力値の取り扱いがシンプルになる
- 入力値の検証を行える
- HTMLのForm要素の出力が便利になる

では、Employeeを登録するフォームはどのように書けばよいのか見てみましょう（リスト14.8）。

リスト14.8 webpractice/forms.py

```
from flask_wtf import Form
from webpractice.models import Section, Position
from wtforms_alchemy import model_form_factory
from wtforms_components import SelectField
from webpractice.models import Employee
from webpractice import db


BaseModelForm = model_form_factory(Form)
```

```python
class ModelForm(BaseModelForm):
    @classmethod
    def get_session(self):
        return db.session


class EmployeeForm(ModelForm):
    class Meta:
        model = Employee
        include_foreign_keys = True
        field_args = {'last_name': {'label': ' 姓 '},
                      'first_name': {'label': ' 名 '}}
    section_id = SelectField(label=' 部署 ', coerce=int,
                             choices=[(x.id, x.name) for x in
                                      Section.query.all()])
    position_id = SelectField(label=' 役職 ', coerce=int,
                              choices=[(x.id, x.name) for x in
                                       Position.query.all()])
```

　SQLAlchemyのモデルクラスから対応するFormクラスを動的に生成する、「モデルフォーム」と呼ばれる方法で定義しています。

　Flask-WTFが提供するFormクラスの機能を失わずにWTForms-AlchemyのモデルフォームMを使うために、「wtforms_alchemy.model_form_factory」にFlask-WTFのFormクラスを渡して、ベースクラス（BaseModelForm）を生成しています。また、モデルフォームから対応するデータベースに接続できるよう、BaseModelFormを基底クラスとしてModelFormを定義しています。このModelFormクラスを基底クラスとして、各モデルに対応するモデルフォームを定義していきます。

　ModelFormクラスの定義まで行うと、モデルフォームの定義は内部Metaクラスのmodelアトリビュートに対応するモデルクラスを設定するのみです（**リスト14.9**）。

リスト14.9 webpractice/forms.py（抜粋）

```python
class EmployeeForm(ModelForm):
```

```
class Meta:
    model = Employee
```

　リスト14.9の記述のみで、モデルに対応するフォームフィールド（Employeeの場合にはlast_nameとfirst_name）が暗黙のうちに生成されます。モデルのフィールドに付いた制限（入力必須で50文字以下という制限）も自動で反映されます。
　Employeeモデルにはsection_idとposition_idがありますが、自動で生成されるフォームフィールドからは漏れてしまいます。モデルフォームは外部キーは省いて生成されるためです。
　リスト14.8の内部Metaクラスの「include_foreign_keys」をTrueにして、外部キーが設定されているフィールドも生成対象にするという宣言をしています。
　内部Metaクラスのinclude_foreign_keysをTrueにしただけでは、モデルフィールドは直に外部キーの値を指定するテキストフィールドとしてHTMLに表現されてしまいます（図14.2）。

図14.2 関連はテキストフィールド

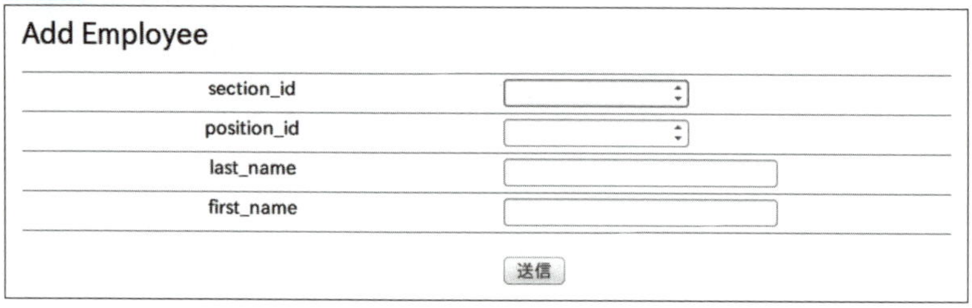

Add Employee
- section_id
- position_id
- last_name
- first_name

［送信］

　関連の数がとても多い場合には、数字を直接入力するほうが現実的な場合もあります。しかし、会社の部署や役職の選択といった限られた数が対象の場合には、名前を見て選択するほうが適切でしょう。関連をHTMLのform部品のselectにするには、明示的に「SelectField」として定義します（リスト14.10、図14.3）。

リスト14.10 webpractice/forms.py（抜粋）

```
section_id = SelectField(label=' 部署 ', coerce=int,
                choices=[(x.id, x.name) for x in
                    Section.query.all()])
```

　SelectFieldを利用する場合には、「coerce」と「choices」を指定します。「label」を指定すると、フィールドの表示名として利用されます。

choicesにはタプルのリストを設定します。タプルはHTMLのselect要素のoptionに対応し、1つのoptionに設定されるvalueと表示用のラベルの2要素です。Sectionモデルのデータ全件をリスト内包表記でタプルのリストにして、choicesに設定しています。

coerceには型変換のための関数を設定します。formへの入力値をchoicesの各タプル最初の要素と比較する際に、formの入力値はcoerceに設定された関数で型変換されます。今回はSection.idと入力値を比較することになるので、入力値をintに変換するint関数を設定しています。

同様にposition_idも、SelectFieldを定義するとHTMLのフォームに選択肢として表示されます。

図14.3 関連をselectに

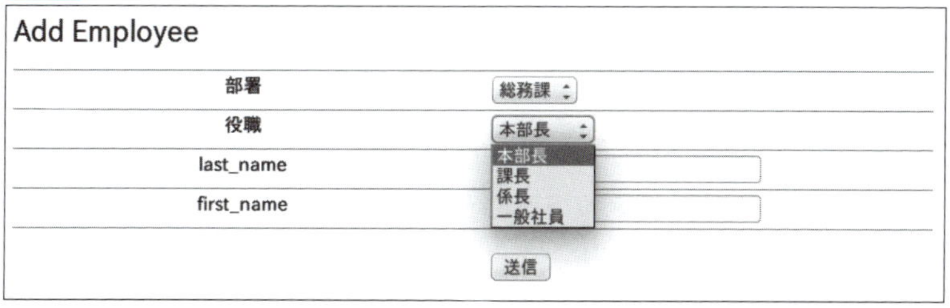

Add Employee

部署	総務課 ▾
役職	本部長 ▾
	本部長
	課長
last_name	係長
	一般社員
first_name	
	送信

SelectFieldのように明示的にフィールドを定義すると、labelというフィールドの表示名を定義できます。

暗黙でできるフィールドについても表示名を定義したくなりますが、すべてのフィールドを明示的にフィールド定義していては、モデルフォームのメリットがなくなってしまいます。

モデルフォームの長所の1つは、モデルへの変更が自動で反映されるところです。明示的に書いてしまってはモデルとフォームで二重管理になってしまいます。

WTForms-Alchemyでは、モデルフォームの内部Metaクラスでfield_argsに各フィールドへのオプションのみを記述できるようにすることで、フィールド自体の明示的な定義なしでラベルなどを設定できるようにしています。field名をキー、オプションを辞書で渡せます。

リスト14.11は、first_nameフィールドとlast_nameフィールドにlabelオプションを設定しています。

リスト14.11 webpractice/forms.py（抜粋）

```
field_args = {'last_name': {'label': '姓'},
              'first_name': {'label': '名'}}
```

◆入力値のバリデーション

自動で生成されたフォームフィールドには、モデルから読み取った制限が「validators.Required」や「validators.Length」というバリデータとして自動で設定されます。暗黙で定義された内容は**リスト14.12**のようなものです。

リスト14.12 暗黙で定義されるフォームクラス

```python
from wtforms import TextField, validators

class EmployeeForm(Form):
    first_name = TextField([validators.Required(),
                            validators.Length(max=50)])
    ... 以下略
```

バリデータは、入力がなかった場合や設定された最大長を超えるデータがきた場合に、入力値をエラーにするための仕組みです。formの「validate」メソッドが呼ばれた際に、自動で値を検証します。

フォームができたので、views.pyのadd_employee関数に登録機能を書いていきましょう（**リスト14.13**）。

リスト14.13 webpractice.views.py（抜粋）

```python
from flask import render_template, request, redirect, url_for
from webpractice.forms import EmployeeForm

@app.route('/employees/add', methods=['GET', 'POST'])
def add_employee():
    form = EmployeeForm(request.form)
    if form.validate_on_submit():
        employee = Employee()
        form.populate_obj(employee)
        db.session.add(employee)
        db.session.commit()
        return redirect(url_for('index'))
```

```
return render_template('employee/add.html', form=form)
```

　request.formを引数にしてEmployeeFormのインスタンス（form）を生成しています。GETメソッドで呼び出された際にはrequest.formは空です。

　つまり、GETメソッドで呼び出された場合にはEmployeeFormのインスタンスは初期状態のままです。POSTメソッドで呼び出された場合、つまりブラウザでデータを入力して送信した（登録ボタンを押した）場合には、ブラウザからPOSTされたデータがrequest.formに格納されており、EmployeeFormのインスタンスにセットされます。

　formインスタンスには、EmployeeFormで定義した内容に適合するデータがセットされているかを検証する「validate」というメソッドがあります。validateメソッドは、検証に成功した場合にはTrueを返します。例ではvalidateではなく、「validate_on_submit」というメソッドを利用しています。これは、POSTメソッドで呼び出されている場合にvalidateによる検証を行うものです。

　GETメソッドで呼び出された場合には、if文の中に入らず、最後の行に遷移します。初期状態のformインスタンスを使って、追加用のテンプレートをレンダリングします（**リスト14.14**、**リスト14.15**）。

リスト14.14 webpractice/templates/employee/base.html

```
{% extends 'base.html' %}

{% block title %}Employee{% endblock %}

{% block main %}
  {%- block category_main %}{% endblock %}
{% endblock main %}
```

リスト14.15 webpractice/templates/employee/add.html

```
{% extends 'employee/base.html' %}

{% block title %}{{ super() }} - Add {% endblock %}

{% block category_main %}
```

```
  <h2>Add Employee</h2>
  {% include 'employee/form.html' %}
{% endblock category_main %}
```

リスト14.15のtitleテンプレートブロックでは「super()」の結果を出力しています。これは、プログラムで親クラスの同名メソッドを呼び出すのと同様に、親テンプレートの同名ブロックの結果に置き換わります。親テンプレート（**リスト14.14**）の「Employee」という文字列に続いて、「Add」が出力されます。

続いて、includeタグで読み込んでいるテンプレート（**リスト14.16**）と、テンプレートから利用しているマクロ（**リスト14.17**）を見てみましょう。

リスト14.16 webpractice/templates/employee/form.html

```
{% from "macro/render_field.html" import render_field %}
<form method="POST">
  <dl>
    {{ render_field(form.section) }}
    {{ render_field(form.position) }}
    {{ render_field(form.last_name) }}
    {{ render_field(form.first_name) }}
    <dt></dt><dd><p><input type="submit" value=" 送信 " /></p></dd>
  </dl>
</form>
```

リスト14.17 webpractice/templates/macro/render_field.html

```
{% macro render_field(field) %}
  <dt>{{ field.label }}</dt>
  <dd>{{ field(**kwargs)|safe }}
  {% if field.errors %}
    <ul class=errors>
    {% for error in field.errors %}
      <li>{{ error }}</li>
    {% endfor %}
```

```
    </ul>
  {% endif %}
  </dd>
{% endmacro %}
```

リスト14.17の「render_field」マクロは、WTFormsのフォームフィールドを出力する典型的な形です。HTMLのdtタグにフィールド名を、ddタグにHTMLのinputフィールドを出力します。また、フォームフィールドにエラーがセットされていた場合はエラーの出力も行っています。

リスト14.16のformタグにはHTTPメソッドのみが定義されています。formにはactionという項目でform送信先のURLを定義するのですが、未定義の場合には現在と同じURLへ送信します。実はこれにより、このform.htmlは再利用できるようになっています。

さて、リスト14.13のadd_employee関数の処理に戻りましょう。GETメソッドで呼び出されて入力画面を表示しました。次は、入力画面で入力されたデータがPOSTメソッドで送信されてきます。つまり、request.formにPOSTされたデータが渡され、EmployeeFormのインスタンスであるformにセットされます。POSTで送信されてきていてデータにも問題がない場合には、if文の中に進みます。思い出しましたか？

formインスタンスの「populate_obj」メソッドを呼び出すと、引数に渡したEmployeeモデルのインスタンスに値がセットされます。formから個別に値を取り出してemployeeのインスタンスにセットしてもかまいませんが、populate_objを使ったほうが便利でしょう。

後は、データベースセッションにemployeeを登録してcommitすれば、データ登録は完了です。Webブラウザをリダイレクトして一覧画面に戻しています。

処理の責任ごとにかなり細かくファイルが分かれているので、読み返して理解してください。

Column　PRGパターン

データの登録をPOSTメソッドで行い、データの登録が完了したらGETメソッドにリダイレクトしました。これは「Post Redirect Getパターン」と呼ばれる常套句です。POSTされてデータを登録した流れでそのままデータを抽出して表示した場合、ブラウザのリロードなどで再度データが送信されてしまうため、データの登録が完了したら、リロードされても害のないGETにリダイレクトするのです。

14-2-3　データの更新

データが登録できるようになったので、登録したデータを変更できるようにしていきましょう。一覧画面に表示される名前を編集画面へのリンクにします（**リスト14.18**）。

リスト14.18 webpractice/templates/employee/index.htmlを1行修正

```
<td><a href="{{ url_for('edit_employee', employee_id=employee.id) }}">{{ employee.last_name }} {{ employee.first_name }}</a></td>
```

views.pyにも編集機能用の関数を追加します（**リスト14.19**）。

リスト14.19 webpractice/views.py

```
@app.route('/employees/<employee_id>/edit', methods=['GET', 'POST'])
def edit_employee(employee_id):
    employee = Employee.query.filter_by(id=employee_id).first_or_404()
    form = EmployeeForm(request.form, employee)
    if form.validate_on_submit():
        form.populate_obj(employee)
        db.session.commit()
        return redirect(url_for('index'))
    return render_template('employee/edit.html', form=form)
```

もうほとんど説明は不要でしょう。新規の登録と違うのは次の2点です。

- Employeeのインスタンスが新しいものでなく、データベースから検索して取り出している。検索結果の1件目か、見つからなかった場合にはHTTPステータスコード404を返すfirst_or_404という便利メソッドを用いている
- EmployeeFormのインスタンスを生成する際、request.formだけでなくデータベースから取り出したEmployeeのインスタンスを渡している。これにより、GETメソッドで呼び出された際にはEmployeeのインスタンスの値が優先され、POSTで呼び出された際にはPOSTデータの値が優先されてformにセットされる

edit.htmlはadd.htmlとほとんど差がなく、とても簡単です（**リスト14.20**）。formを表示するテンプレートなどは同じものを利用できます。

リスト14.20 webpractice/templates/employee/edit.html

```
{% extends 'employee/base.html' %}

{% block title %}{{ super() }} - Edit {% endblock %}

{% block category_main %}
  <h2>Edit Employee</h2>
  {% include 'employee/form.html' %}
{% endblock category_main %}
```

14-2-4　CSRF対策

ここまで作ってきたWebアプリケーションには、よく問題になるCSRF（Cross Site Request Forgeries）という脆弱性があります。今作ってきたWebアプリケーション以外からデータをPOSTで送信するだけでも操作ができてしまいます。つまり、インターネットのどこかのページにあるボタンを押しただけで、変なデータを作ったり削除したりといったことをさせられてしまう危険性があるのです。

細かい仕組みについては15時間目で触れますが、まずはFlask-WTFormsでどのようにして対策をとるか見ていきましょう。

webpractice/__init__.pyを次のように書き換えます（**リスト14.21**）。

リスト14.21 webpractice/__init__.py

```
from flask import Flask
from flask.ext.sqlalchemy import SQLAlchemy
from flask_wtf.csrf import CsrfProtect


csrf = CsrfProtect()


app = Flask(__name__)
```

14 時間目 Webアプリケーションの実践

```
app.config.from_pyfile('settings.cfg')
CsrfProtect(app)
db = SQLAlchemy(app)


import webpractice.views
```

Flaskのインスタンスを「CsrfProtect」というクラスに渡して設定を行います。これでPOSTメソッドで呼び出された際にCSRFの危険がある場合には「Bad Request」となり、データが守られるようになりました。現時点では更新系の機能がすべてガードされているので、試しにデータの登録や更新を行おうとしてみてください。

残りの対応は、テンプレートのforms.htmlへの1行の追加です。HTMLのformタグの内側に「{{ form.csrf_token }}」という行を追加します。これにより、hiddenのinputタグが生成され、formの送信時に送られるようになります（**リスト14.22**）。

リスト14.22 webpractice/templates/employee/form.html

```
<form method="POST">
{{ form.csrf_token }}
```

これで追加や更新の機能が動くようになります。

14-3 データの削除

14-3-1 物理削除と論理削除

一覧表示、追加、更新ができるようになったので、残るは削除機能だけです。
「削除」という言葉には2通りの意味があります。1つは「物理削除」、もう1つは「論理削除」です。

- **物理削除**
  RDBMSのテーブルからデータを消してしまうことを、物理削除といいます。データを消してしまうと、通常の操作では元に戻せないので、ビジネスやサービス上不要となったデータや、ログのように一定期間で不要になったものを消す際に用います。外部キーで参照されているテーブルのデータを物理削除する場合には、「削除対象のデー

タが他のデータから参照されていない」という条件が満たされていなければなりません。場合によっては、参照しているデータから先に消していくといった対処が必要です。

- **論理削除**

  データを概念上削除されたことにすることを論理削除といいます。例えばデータに削除フラグを設けて、アプリケーションからは見えなくしてしまうことで、あたかもデータが削除されているように扱います。この方法は他のデータから参照されたままでも削除できます。削除されたはずのデータが見えてしまったりといった不具合が発生しないように、論理削除する方法はシステムで統一しておくとよいでしょう。また、削除フラグを立てるだけではなく、例えば個人情報のカラムを意味のないデータに更新する、といったことも論理削除の一環として行う必要があるかもしれません。

14-3-2　物理削除してみよう

物理削除をするには、SQLAlchemyで削除機能を呼び出します。一覧に削除へのリンクを付けて物理削除機能を作ってみましょう（**リスト14.23**）。

リスト14.23 webpractice/templates/employee/index.html（抜粋）

```
<table>
  <thead><tr><th> 所属 </th><th> 名前 </th><th> 電話番号 </th>↲
<th> 削除 </th></tr></thead>
  <tbody>
{%- endif -%}
    <tr>
      <td>{{ employee.section.fullname }}</td>
      <td><a href="{{ url_for('edit_employee', employee_id=employee.↲
id) }}">{{ employee.last_name }} {{ employee.first_name }}</a></td>
      <td>{{ employee.section.tel }}</td>
      <td><a href="{{ url_for('delete_employee', employee_id=employee.↲
id) }}">&#9986;</a></td>
    </tr>
{%- if loop.last -%}
  </tbody>
</table>
```

テーブルに列を1つ追加して、右端に削除へのリンクを付けました。views.pyにdelete_employee関数を追加します（**リスト14.24**）。

リスト14.24 webpractice/views.py

```python
@app.route('/employees/<employee_id>/delete', methods=['GET', 'POST'])
def delete_employee(employee_id):
    employee = Employee.query.filter_by(id=employee_id).first_or_404()
    if request.method == 'POST':
        db.session.delete(employee)
        db.session.commit()
        return redirect(url_for('index'))
    return render_template('employee/delete.html', employee=employee)
```

追加や編集よりも簡単です。GETの際は編集のときと同じ、POSTのときはデータが見つかったらデータベースセッションのdeleteに削除対象のモデルインスタンスを渡し、commitして終わりです。

削除用のテンプレートはformのインスタンスを渡さないため、CSRF対策が少しだけ異なります（**リスト14.25**）。

リスト14.25 webpractice/templates/employee/delete.html

```html
{% extends 'employee/base.html' %}

{% block title %}{{ super() }} - Delete {% endblock %}

{% block category_main %}
  <h2>Delete Employee</h2>
  <form method="POST">
  <input type="hidden" name="csrf_token" value="{{ csrf_token() }}" />
    <dl>
      <dt> 所属 </dt><dd>{{ employee.section.fullname }}</dd>
      <dt> 名前 </dt><dd>{{ employee.last_name }} {{ employee.first_name }}</dd>
```

```
      <dt> 電話番号 </dt><dd>{{ employee.section.tel }}</dd>
      <dt></dt><dd><p><input type="submit" value=" 削除 " /></p></dd>
    </dl>
  </form>
{% endblock category_main %}
```

「{{ form.csrf_token }}」の代わりに、直接hiddenのinputタグを書き、valueにcsrf_token関数の出力を書き出しています。

これで、EmployeeデータのCRUD(Create Read Update Delete)の機能が完成しました。細かくファイルが分かれていたり、共通で使えるものがいくつもあったりと、最初は少し混乱するかもしれませんが、全体の記述量はかなり少なく抑えられています。構成を理解できるまで何度も見返して、身に付けてしまいましょう。

確認テスト

Q1 部署や役職のデータをWebブラウザで追加、変更できるようにしてみましょう。

Q2 論理削除にするとよいモデルはどれか考えて、論理削除を実装してみましょう。

15時間目 Webアプリケーションのセキュリティ

ドキュメントを世界に発信するというところから始まったHTTPの仕組みは、現在では暮らしに不可欠なものとなっています。中でもWebアプリケーションは、民間企業のサービスだけではなく、行政のサービスなど非常に重要な内容を扱うようになっています。可能な限り安全なWebアプリケーションを開発するために基本となる、セキュリティについて学んでいきましょう。

今回のゴール

- セキュリティについて考える癖がつく
- よくあるセキュリティホールを知っている

15-1 Webとセキュリティ

　Webアプリケーションは、利用者の使うOSやWebブラウザ、HTTPプロトコル、Webサーバ、アプリケーションサーバ、データベースのようなミドルウェア、他にも多岐にわたるテクノロジーを組み合わせて実現されています。

　さまざまなテクノロジーの機能や性能を損なうセキュリティ上の問題を「脆弱性」と呼びます。この脆弱性は、日々新しいものが発見されるなど、セキュリティについてあらかじめ完璧に対処しておくことは困難といえるものです。

15-1-1　セキュリティの原則

　新しい脆弱性にあらかじめ対策しておくことは困難だとしても、備えておくことでセキュリティリスクの高い問題へ素早く対処を行えるようになります。

　「JVN (Japan Vulnerability Notes)」などからの脆弱性関連情報を常にチェックしておくことで、新しい脆弱性の情報を入手しておきましょう。また、あなたには関係ないとしても、同僚が利用しているかもしれないテクノロジーに関する脆弱性情報を入手したら、同僚に脆弱性情報を共有することも重要です。情報を共有した時点です

でに知っていても、対処について相談を受けるかもしれませんし、もし情報を入手していなかった場合には大いに感謝されることでしょう。

　また、脆弱性の情報を入手した際に、すぐにサービスを止めて対策をしなければならないのか、あるいは予定のメンテナンス時でよいのかについて判断するには、各テクノロジーの動作原理を理解しておく必要があります。さもないと、関連するテクノロジーに脆弱性が発見されるたびに、サービスの停止を伴う緊急メンテナンスをする羽目になります。

◆脆弱性を発見してもすぐに公開しない

　もしあなたが脆弱性を発見した場合には、それをすぐにSNS等で公開してはなりません。脆弱性を広く知らしめることは、誰でもその脆弱性を悪用できるようにしてしまうということです。

　オープンソースのライブラリなどの場合にも、開発者メーリングリストへ脆弱性を知らせるのではなく、たいていは脆弱性の報告専用の窓口があるはずです。正義感からすぐに脆弱性を公開してしまうと、いろいろな人が危険にさらされるとともに、あなたの業界での評判は大変なことになるでしょう。また、日本では脆弱性を発見した場合にはIPA（独立行政法人 情報処理推進機構）に報告することになっています。報告の方法や内容などについてはIPAの情報セキュリティに関するページ（https://www.ipa.go.jp/security/）にまとめられていますので、読んでおくとよいでしょう。

15-2 情報を守るための技術

　今のあなたの関心事は、開発するときに脆弱性を作り込まないようにする秘策でしょう。

　残念ながら、そのような秘策はありません。

　脆弱性には、実現方法として脆弱なもの、プログラムの隙を突かれるもの、の2種類があります。「実現方法として脆弱なもの」というのは、本来必要な措置を知らずに簡易に実現できる方法をとってしまうことです。例えば、認証もかかっていないWebサーバに秘匿情報をそのまま置いておくといったわかりやすいものや、非常に危険な仕組みでありつつビジネス的要件に押されて実装してしまうものなどがあります。

15-2-1　第三者を区別する

　筆者が以前とある企業の研修を受け持った際、あるチームが利用者にかかわらず使

われる変数を定義してしまったことがありました。当時教えていた仕組みでは、油断するとそのようなプログラムを書いてしまうことがわかっていたため、研修としてはそういったチームがあったことは非常に良かったのですが、やはり恐ろしいものでした。そのWebアプリケーションは、複数のユーザが同時に使うとサーバ側の状態が共有されてしまい、アプリケーションとしておかしいだけでなく、他人の作ったデータをのぞき見ることが可能だったのです。

利用しているユーザにしかわかり得ない情報（例えばユーザ名とパスワードの組み合わせのようなもの）でユーザを識別し、そのユーザに対して正しく機能を提供するようにしましょう。

15-2-2　パスワードのハッシュ化

ユーザ認証を行うWebアプリケーションの場合、パスワードを保存しておくことがあります。パスワードは非常に危険な文字列です。本来はサービスごとにすべて違うパスワードを利用すべきですが、共通のパスワードをさまざまなサービスに使っている利用者も多いことでしょう。

もし残念なことにあなたの作ったWebアプリケーションからユーザ名とパスワードが流出してしまったという場合、同じログインとパスワードが類似のサービスに対しても同様に通じてしまうかもしれません。

パスワードを保存する際には、指定されたパスワードを複雑化するためにパスワードの前や後ろに十分な長さの「salt」という文字列付け加え、強度の強い不可逆のハッシュアルゴリズムを使って暗号化したもの、つまりハッシュ化して保存しておき、認証の際には入力されたパスワードを同じ方法で暗号化して比較するという方法が一般的になっています。いったんデータが流出してしまえば、時間をかけてパスワードを解読できてしまうかもしれませんが、ユーザに注意喚起をし、同じパスワードを使い回しているサービスのパスワードを変更する猶予を確保しなければなりません。

また、データを見られる人間がパスワードを容易に入手できないことも、重要な側面です。不用意にデータを確認しているときに誰かの目に触れないとも限りませんし、データにアクセスできる誰かがパスワードを盗んでしまうかもしれません。また、誰もパスワードを盗んでいないにもかかわらず、パスワードが漏れているのでないかと疑われることもあります。そんな際にも、こういった理由で自分たちでもパスワードはわかりません、と自信を持って言えるのです。

15-2-3　通信の暗号化

利用しているプロトコルがネットワークをどのように流れているかを意識する必要

があります。例えばHTTPやメールは、プレーンな状態でデータが流れます。インターネットはいろいろな経路を通ってデータの通信を行っています。その間のどこかで通信をのぞき見られた場合には、内容がそのまま見えてしまうのです。パスワードなどの重要な情報はHTTPやメールで扱わないように注意しましょう。

Webアプリケーションに関しては、HTTPSというプロトコルで通信経路が暗号化されるSSL/TLS通信を用いるのが一般的です。SSL/TLSを使う場合でも注意することがいくつもあります。忘れがちなものをいくつか見ていきましょう。

◆Secure Cookie

HTTPセッション管理にCookieを利用する仕組みでは、Cookieを通じて「セッションID」というセッション識別のためのキーがやり取りされます。CookieはサーバからWebブラウザへ渡され、WebブラウザはCookieを渡してきたサーバに対して毎回リクエストのたびにCookieの内容をすべて送ります。

ここで問題となるのは、ログインや個人情報の表示部分のみHTTPSにしているWebアプリケーションです。認証したユーザのセッションを識別するための情報がHTTPSでCookieとして渡された後に、HTTPのページへアクセスすると、平文（暗号化されていない文字列）で送られてしまうのです。

この問題を回避するには、Cookieを返す際にsecureフラグを付与する必要があります。secureフラグの付いたCookieは、HTTPS通信の際にしかサーバに対して送信しないことになっています。

◆SSL、GET、refer

Cookieが送られてしまう問題とは別に、情報の送信にGETを使ってしまうことによる問題があります。HTTPSでは、サーバ名とポート番号以外は暗号化されて通信が行われます。そのため、URLに情報が付与されてしまうGET通信でも、暗号化に関する問題はないように思えるかもしれません。

しかし、外部のサイトへのリンクや外部のサイトの画像などを表示することにより、HTTPリファラ（referer）というヘッダを通じてリンク元のURLが外部のサイトへ送られてしまうのです。HTTPリファラは、HTTPSのサイトからHTTPのサイトへは送られないことになっていますが、HTTPSのサイトからHTTPSのサイトへは別のドメインに対してでも送信されます。

HTMLのmetaタグでリファラの送信を抑制する仕様がありますが、すべてのブラウザが対応しているわけではありませんし、重要な情報はGETで送信すべきではありません。

15-2-4　情報流出から情報を守る

　日々脆弱性が発見され、セキュリティに関して万全にしておくことは非常に困難だというお話をしてきました。では、どうすればよいのでしょうか。

　一番良いのは、情報を一切持たないことです！　流出する情報がありませんから……。一切というのは冗談ですが、考え方としては、可能な限り余計な情報は持たない、持っていてよいデータなのかどうかを考えることが重要です。

　例えば、クレジットカードの裏に付いている「セキュリティコード」というものがあります。3桁あるいは4桁の数字で、クレジットカードの更新のたびに番号は変わります。この番号はカードを使う際の認証のために利用されますが、確認に使った後に保存をしてはいけないという決まりになっています。まずきちんと仕組みについて理解すること、何を保存してよく、何を保存してはいけないのか、しっかりと学んでいくことが大切です。持っていてはいけない情報を持っていて流出させてしまった企業は、その後長い間ネガティブイメージがついて回ることになります。

　また、場合によっては専門のサービサーに任せてしまうのも1つの手です。例えばクレジットカードに関しては、自分の作ったWebアプリケーションでは一切カードに関する情報を受け取らずにクレジットカード決済を行うことも可能です。クレジットカードに関する情報は専門のサービサーに保存してもらい、自分の作ったWebアプリケーションではサービサーに登録したユーザごとのキーのみを用いて決済するようにすれば、情報が流出したとしてもユーザのカード情報は流出せず、対象のキーのみを無効にすれば不正利用も防げるのです。

◆権限を最小限に制限する

　これからWebアプリケーションを開発する際に脆弱性を持たないよう注意する点について紹介していきますが、それはWebアプリケーションの隙を突いて悪意のある機能を追加するものです。しかし、Webアプリケーションの隙ではなく、運用の隙を突く方法もあります。例えば、サーバの管理をする権限さえあれば、Webアプリケーションそのものを書き換えて悪意のある機能を提供できてしまいます。サーバにログインできるIPアドレスを制限したり、キー認証を必須とするなど、運用に困難が発生しない範囲内でもっとも厳しい制限を設けるのがよいでしょう。

15-3　よくあるセキュリティホール

　Webアプリケーションを作っていく過程で、非常によくある危険なセキュリティホールを紹介します。繰り返しになりますが、セキュリティについてこれだけ知ってい

ればよいというものはなく、常に危険がないか考えながら設計、実装していく必要があります。

15-3-1 SQLインジェクション

「SQLインジェクション（SQL Injection）」は、SQL文に不正な文字を含ませて、予期せぬ動作をさせることができてしまう脆弱性です。SQLの条件を動的に生成しているとき、ひな形のSQL文と入力値を組み合わせる際に発生します。

例えば、以下のようなuserテーブルがあったとします。パスワードのデータはわかりやすいように生パスワードを保存していますが、ここまで読み進めていればわかりますよね（ハッシュ化すべきです）。

```
+----+-------+------------+
| id | login | password   |
+----+-------+------------+
|  1 | user1 | password1  |
|  2 | user2 | password2  |
|  3 | user3 | password3  |
+----+-------+------------+
```

ここで、loginとpasswordが入力と一致しているか確認するSQLを作るために、以下のようなPythonスクリプトを書いてしまったとします。

```
>>> # これは悪い例です
>>> def login_sql(login, password):
...     sql = """select id, login from user where
...         login = '%s' and password = '%s' limit 1;"""
...     return sql % (login, password)
```

試しに、パスワードがわからないユーザからの入力を用いてSQL文を生成してみます。

```
>>> _login = "user2"
>>> _password = " わかりません "
```

15時間目 Webアプリケーションのセキュリティ

```
>>> normal_sql = login_sql(_login, _password)
>>> print(normal_sql)
select id, login from user where
    login = 'user2' and password = 'わかりません' limit 1;


>>> _login_evil = "' or 1 and login = 'user2';-- '"
>>> evil_sql = login_sql(_login_evil, _password)
>>> print(evil_sql)
select id, login from user where
    login = '' or 1 and login = 'user2';-- '' and password = 
'わかりません' limit 1;
```

さて、生成された2つのSQLを実際にMySQLに投げてみましょう。ここではデータベースを使うために「pymysql」というライブラリを直接利用しています。

```
>>> import pymysql
>>> con = pymysql.connect(host = "127.0.0.1", port = 3306, user = 
"pythonista",
                          passwd='love python!', db='python15h', 
charset='utf8mb4')
>>> cursor = con.cursor()
>>> cursor.execute(normal_sql)
0
>>> cursor.fetchall()
()
>>> cursor.execute(evil_sql)
1
>>> cursor.fetchall()
((2, 'user2'),)
```

パスワードがわからないにもかかわらず、user2のデータを取り出せてしまいました！

SQLの条件文を終わらせる文字「'」を入力に含め、SQLの条件文が常に真になる「or 1」を追加、さらに続くSQL文自体を終わらせる「;」を入力に渡しています。その後にはSQLのコメントを表す「--」が続きます。

ではどうしたらよいのでしょうか。以下の例を見てください。

```
>>> sql = """select id, login from user where
...     login = %s and password = %s limit 1;"""
>>> cursor.execute(sql, (_login, _password))
0
>>> cursor.fetchall()
()
>>> cursor.execute(sql, (_login_evil, _password))
0
>>> cursor.fetchall()
()
```

不正な文字列が入った「_login_evil」でも、データが取り出せなくなりました。もととなるSQLは「%s」のまわりの引用符囲みがなくなってはいますが、ほぼ同じように見えます。

主な違いは、問題のあるプログラムではあらかじめ文字列を連結してSQLを生成しているのに対して、問題がないプログラムではcursorのexecuteメソッドに引数として変数を渡しているところです。

cursor.executeに変数として渡した場合には、データベースドライバが適切に不正な文字をエスケープしてくれているのです。

エスケープすればよいということがわかったからといって、くれぐれも自分で不正な文字をエスケープしようなどと試みないでください。非常に多岐にわたるエスケープ処理を行わなければならず、結局脆弱なものになってしまう可能性が高いのです。最新のデータベースドライバの機能を正しく使って、SQLインジェクションを防ぐようにしましょう。

15-3-2　XSS（クロスサイトスクリプティング）

「XSS（Cross Site Scripting、クロスサイトスクリプティング）」は、HTMLなどの出力に第三者が用意したスクリプトなどを埋め込まれて予期せぬ動作をさせられてし

15時間目 Webアプリケーションのセキュリティ

まう脆弱性です。

よく解説の例として取り上げられるのは、**リスト15.1**のようなものです。これは入力された値をformのinputにそのまま出力する脆弱な実装のプログラムです。

リスト15.1 websecurity01.py

```python
# これは脆弱な例ですので決して真似しないでください。セキュリティ上問題があります。

from http.server import HTTPServer, SimpleHTTPRequestHandler
from urllib.parse import urlparse, parse_qs

_body = '''<html><body><form>
  検索 <input type="text" name="q" value="{0}" /><input type="submit" />
</form></body></html>'''

class VulnerableHTTPRequestHandler(SimpleHTTPRequestHandler):

    def do_GET(self):
        params = parse_qs(urlparse(self.path).query)
        q = ''
        if 'q' in params:
            q = params['q'][0]
        body = _body.format(q).encode('utf8')
        self.send_response(200)
        self.send_header('Content-type', 'text/html; charset=utf-8')
        self.send_header('Content-length', len(body))
        self.end_headers()
        self.wfile.write(body)

if __name__ == '__main__':
    httpd = HTTPServer(('localhost', 8000), ↴
VulnerableHTTPRequestHandler)
```

```
print('Serving HTTP on localhost port 8000 (Vulnerable)')
httpd.serve_forever()
```

検索のフィールドに以下の文字列を入力して送信してみます。

```
"><script>alert(document)</script><!--
```

するとどうでしょう。JavaScriptによりダイアログが表示されました[注1]（**図15.1**）。例ではアラートダイアログを表示させているだけですが、これを応用するとJavaScriptからアクセス可能な値を別のサイトへこっそり知らせることも可能になってしまいます。

図15.1 意図しないJavaScriptが動作してしまう

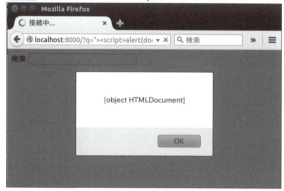

この脆弱性は、以下のようなURLを別の利用者にブラウザで開かせることで、別のユーザの情報を盗めてしまうところに危険性があります。

```
http://localhost:8000/?q=%22%3E%3Cscript%3Ealert%28document%29%3C%↵
2Fscript%3E%3C!--
```

例えば、HTMLメールに有名サイトのアドレスを表示しておき、実際のリンク先は脆弱性を突いたURLにしておけば、ほとんどのユーザは注意することなくリンクをクリックしてしまうことでしょう。別のサイトの脆弱性が利用されて、いつも使っている機能のリンク先が改ざんされているかもしれません。

注1) FireFox 39.0で確認しています。ChromeやSafariでは、自動XSS判定によりブロックされる可能性があります。

◆入力のエスケープ

　入力を信用して利用しないことが大前提です。入力はユーザからの入力のみならず、例えば機械的に収集してきたHTTPのリンク情報やWebサーバのログに記載されているリンク元の情報など、すべての入力について疑いを持ちましょう。

　信頼できないデータを出力する際には、出力内容に応じて適切にエスケープすることです。例えばJinja2は、標準では拡張子からHTMLかXMLと推測できる場合のみ、出力もエスケープするようになっています。他の用途に利用する際には、別途適切にエスケープ処理を行う必要があります。用途ごとに複雑なエスケープ処理が必要となるので、対象の用途によく使われているライブラリを調査した上で、メンテナンスが継続して行われているライブラリを利用するとよいでしょう。

　今回の例ではscriptタグを用いましたが、HTMLのイベントハンドラ等を利用してscriptタグなしでもスクリプトを動作させる手法などがあります。くれぐれも自分で対処できると過信はしないようにしましょう。

◆Content-Security-Policy

　「Content-Security-Policy」は、HTTPのレスポンスヘッダに設定することで、外部スクリプトの動作を制限できるヘッダです。外部スクリプトに加えてインラインのスクリプト実行などいくつかの機能が利用できなくなるので、導入の際には細かく設定を確認してください。ホワイトリスト形式で外部スクリプトの実行を許可することもできます。

　ブラウザの対応具合にもよりますが、適切に利用できれば、予期せぬエスケープ漏れからユーザを守れる可能性があります。

Column | DOM Based XSS

　「DOM Based XSS」は、サーバサイドではなく、クライアントサイドでHTMLの構造を動的に変化させるJavaScriptなどの使い方に問題があると発生する脆弱性です。DOM操作を行う際には、適切な機能を用いて、意図しない機能を実行させられてしまわないようにしましょう。

　また、JavaScriptライブラリのバージョンが古いまま使い続けることで脆弱性を突かれることが増えています。サーバ側のソフトウェアも同様ですが、脆弱性の見つかったバージョンを使い続けることのないように、日々脆弱性情報を入手するようにしましょう。

15-3-3 CSRF（クロスサイトリクエストフォージェリ）

「CSRF（Cross Site Request Forgeries、クロスサイトリクエストフォージェリ）」は、別のサイトを閲覧した際に、勝手にデータの更新リクエストを出されてしまう攻撃です。ここまで読んできたあなたなら、CSRF対策をすでに学習済みですね。

あらためてCSRFがどのようなものなのかをおさらいしておきましょう（**図12.2**）。攻撃者はどこかのサイトあるいはHTMLメール（A）に、あなたの開発したWebアプリケーションが稼働しているサイト（B）に対してGETやPOSTを自動で行う機能を用意します。ユーザが（A）をブラウザで表示すると、Webブラウザが自動で（B）へHTTPリクエストを行います。

例えば、データの更新を行う場合に（B）にログインしている必要があるとしても、ユーザのWebブラウザが（B）にログインした状態であれば、データの更新（場合によっては削除）が行われてしまいます。

図15.2 CSRF

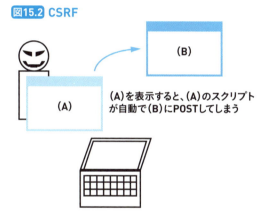

どのようにして防いだらよいでしょうか。

◆**CSRFトークン**

データ更新を伴う機能に対しては、「CSRFトークン」と呼ばれるデータを必須とし、CSRFトークンがサーバで準備したものと合致しない場合にはエラーにする方法で防ぐのが一般的です。

14時間目にFlask-WTFormsの機能でcsrf_tokenのformへの書き出しを行いましたね。データの更新を行わないGETリクエストのタイミングで、第三者が知り得ないcsrfトークンをformに書き出し、データ更新のPOSTリクエストの際に検証を行うのです。

15-3-4　ディレクトリトラバーサル

「ディレクトリトラバーサル」は、入力をもとにテンプレートファイルを決定するような機能に対して、本来起点として想定しているディレクトリよりも上位のディレクトリをたどって想定外のファイルを利用させる（表示させたりする）攻撃です。

terminalを開いて、次のようなコマンドを入力してみてください。

```
$ cat ../../etc/passwd
```

システムのパスワードに関するファイルの中身が出力されましたね。Linuxでは、「..」により、1つ上位のディレクトリを指し示します。つまり、例えばURLのパスの一部から利用するテンプレートを決定する機能を作った場合に、URLに「../」が含まれていると、想定したディレクトリよりも上位のディレクトリの内容を表示してしまう危険があるということです。

対策としては、Pythonには与えられたファイルパスをフルパスに変換する機能があるので、これを使うとよいでしょう。

```
>>> import os
>>> os.path.abspath('../../etc/passwd')
'/etc/passwd'
```

フルパスにしたファイルパスが、公開を許可しているディレクトリのパスと前方一致しているかを確認し、問題がないときだけ処理を継続するようにします。

可能であれば、あらかじめ利用を許可するファイルのフルパスを事前に定義し、その中からだけ選択可能にするのが望ましいでしょう。扱うファイルタイプを限定できるのであれば、拡張子は受け取らずにプログラムで生成するなど、可能な限りユーザの入力できるものを削っていきます。

また、テンプレートや静的ファイルに関しては、Webアプリケーションフレームワークに関連する機能が用意されていることが多いため、独自に機能を作らないのが一番です。

何を使っても、絶対に安全という方法はありません。気になったときには、よく使われてメンテナンスが継続されている実装を複数確認し、自分の知っている方法が時代遅れになっていないか（つまり脆弱でないか）を気にしておくとよいでしょう。

Column 脆弱性とOSSへの貢献

　脆弱性は、あなたが作るソフトウェアにだけ存在するのではありません。Pythonのインタプリタや標準ライブラリ、利用するフレームワークやミドルウェア、オペレーティングシステムにも存在することがあります。オープンソースのソフトウェアはソースコードが公開されていますので、まだ知られていない脆弱性にあなたが最初に気づくかもしれません。脆弱性を見つけた際には、他人事として放置せずにきちんとソフトウェアのオーナーに報告をしてください。報告の方法はプロジェクトごとに違いますが、秘密裏にというのは本文に書いたとおりです。

　脆弱性に限らず、オープンソースのソフトウェアは世界中のエンジニアの協力で作られています。少し力がついてきたら、自分に貢献できることがないか考えてみましょう。利用すること自体もオープンソースへの貢献であることは間違いありませんが、コミットしていくことで自分の世界がより広がっていきます。騙されたと思ってオープンソースの世界へ飛び込んでみてください。筆者もDjangoというWebアプリケーションフレームワークのAUTHORSファイルに、世界中の優れたエンジニアとともに名前がリストされていることが誇りです。

※だからといって、業務に関わるソフトウェアや、業務時間中に書いたソフトウェアを勝手に公開してはいけませんよ。

確認テスト

Q1 セキュリティの原則を説明してみましょう。
Q2 可能な限り独自に作らないほうがよいのはなぜですか。
Q3 SQLインジェクション、XSS、CSRFをそれぞれ説明してみましょう。

索引

記号

404	229
%	12
*	12, 108
演算子	12
正規表現	108
**	12
?	108
__bool__	75
__enter__	87
__exit__	87
__file__	59
__init__	65
__init__.py	58
__iter__	74
__name__	59
{% %}	237
¥ 正規表現	110
+	108

A

addTests	154
and	20
Apache	199
append	33
as	83, 100, 119
except as	83, 119
with as	100
assert	142
assertAlmostEqual	162
assertEqual	162
assertFalse	162
assertRaises	162
assertTrue	162
AttributeError	121

B

b	96, 100
リテラル	96
ファイルモード	100
block	242
bool	18
break	24
bytes	96

C

CGI	216
CGM	259
CIDR	204
class	64
classmethod	295
CLI	154
close	99, 285
fileのメソッド	99
connectionのメソッド	285
commit	270, 280
contextlib	88
contextmanager	88
Cookie	255
coverage	173
cp932	99
cricical	125
CRUD	307
CSRF	303, 319
CsrfProtect	304
css	291

D

Database	259
date	113
datetime	113
DBAPI	272
DBMS	259
DDL	262
DEBUG	125, 153
logging	125
PyCharm	153
debug	125
decode	98
def	46
DELETE	210, 267
HTTPメソッド	210
SQL	267
dict	32
Django	225
DNS	200
doctest	142
doctests	153
DocTestSuite	154
DOM	318

E

elif	22
else	22
encode	97
endblock	242
enumerate	44
error	125
except	119
Exception	121
exception	125
exists	158
extends	243

F

FALSE	19
FastCGI	216
fatal	125
file	248
finally	118
Firefox	199
Flask	224
for ... in	41

INDEX

Form 255
form 210, 245
format 117
FQDN 201
from ... import 58
frozenset 37
functools 92

G

GET 210
getcwd 107
getLogger 124
getpreferredencoding 99
group 111
groupdict 111

H

help 8
hidden 248
hosts 202
href 215
HTML 212
HTTP 198
HTTPS 311
HTTPリクエスト 209

I

IDE 3
if 21
import 5, 57
input 104, 246
　　HTML 246
　　関数 104
int 10
Integer 274
io 103
IP 203
IPA 309

isinstance 72

J

JavaScript 228
Jinja2 232
join 108
json 216
JST 115
JVN 308

K

keys 40
KVS 259

L

lambda 54
LDAP 152
len 28
length 238
linux 105
lisrdir 105
list 32
localhost 202
loggers 132
logging 124
loop 238

M

MagicMock 170
makedirs 105
map 189
Match 110
method 246
mkdir 105
Mock 166
mock 166
multiprocessing 127

MySQL 262
MySQLdb 276

N

NAT 206
next 42
nginx 199
now 114
null 266

O

open 98
os 105
os.path 105

P

pagination 290
partial 189
Pdb 192
POST 210
print 4
property 67
PUT 210
PyCharm 3
pydoc 55
pymysql 276
PyPI 173
Python 2
PYTHONPATH 56

Q・R

query 229
r 110
range 42
RDBMS 272
re 108
read 98

323

索引

render_template 232
repr.................................... 77
request 251
RESTful 227
return 47
rollback 270
route 229

S

search 109
Secure Cookie 311
select 269, 296
　SQL 269
　HTML 296
self 64
send.................................... 81
session 256
set...................................... 32
setdefault 39
setUp 157
shutil 159
SimpleHTTPRequestHandler
　...................................... 222
SQL 260
SQLAlchemy 272
sqlite 262
SSL 257
static 291
StopIteration 42
str 96
strftime 116
String............................... 274
StringIO 103
strptime........................... 116
sub................................... 112
sudo 262

T

table 261
tearDown........................... 157
telnet 207
terminal 155
TestCase........................... 157
time 94, 113
timedelta 113
timezone 115
Traceback 148
transaction 259
TRUE 19
try 118
tuple 32
tzinfo............................... 115

U

u 97
UDP 127
UnicodeEncodeError......... 121
unittest 142
URI 206
URL 206
urllib................................ 316
UTC 115
utcnow............................. 115
utf-8................................. 97

V

validate 298
validators 298
ValueError 70, 119
VALUES(SQL)..................... 279
VirtualEnv........................ 165

W

w(ファイルモード)................. 100
walk................................. 106
warning 125
Web................................. 198
Webアプリケーションフレーム
　ワーク 217
where 268
while 23
Windows.............. 99, 127, 202
with.................................. 87
WSGI 217
WTForms 253, 286
www 198

X・Y

xml 216
XSS 315
yield 79
yield from 81

あ行

アサーション 142
アトリビュート 170
アルゴリズム...................... 25
暗号化 257
イテレータ 42
インターネット 198
インタプリタ 3
インタラクティブシェル 277
オブジェクト 64
オプション 149, 265
　doctest 149
　mysql 265
オフセット 117

か行

カバレッジ........................ 141
可変長引数........................ 48
カラム 264
関数 46
偽 18
キーワードオンリー引数 51

INDEX

キーワード引数 48
クラス 64
グループ 111
グローバルタイム 115
継承 70
コンストラクタ 32
コンテキストブロック 87

さ行

サーバ 199
サブジェネレータ 80
ジェネレーター 78
ジェネレータ内包表記 86
時間 113
式 10
時刻 113
辞書 29
集合 38
真 18
真偽 18
スクリプト 60
スコープ 52
スペシャルメソッド 73
スライス 31
制御構文 18
正規表現 108
脆弱性 308
セッション 254
セット 29
属性 65, 215
　　HTML 215
　　クラス 65

た行

タイムゾーン 115
タプル 26, 29
ディレクトリ 105
データベース 218
デコレータ 89

テスト 136
テストケース 138
テストスイート 155
デバッグ 176
テンプレート 232
ドキュメント 55
ドメイン 200
トランザクション 259

な・は行

ネットワーク 199
バイナリ 96
バグ 176
パッケージ 58
ハッシュ 310
バッテリーインクルード 3
引数 47
ファイル 96
振る舞い 71
ブレークポイント 184
プロパティ 66
変数 14

ま・や・ら行

無名関数 54
メソッド 2, 65
文字コード 97
モジュール 56
ユニコード 97
リグレッションテスト 138
リスト 28
リスト内包表記 84
リテラル 11
例外 118
ローカルタイム 115
ログ 118

おわりに

　1万時間の法則と呼ばれる考え方があります。プロフェッショナルな域の入り口に達するために必要な練習時間が1万時間なのだそうです。もちろん、漫然と1万時間向き合っただけではどこにも到達はできないでしょう。本書はこれから長く取り組んでいくことになるプログラミングへの導入として書かれています。Pythonの入門書ではありますが、他のプログラミング言語にも応用の効く考え方など、導入にあたっての勘所を大事にしています。

　実のところ、1万時間の法則は変化の激しい知的な分野へは適用できないとも言われています。プログラミングの場合は、社会的インフラやハードウェアが刻一刻と変化し、最適解もそれに合わせて変化していってしまいますし、まったく同じものはそのまま再利用できてしまうため、作るものは毎回何かしら違うものです。変化の激しい知的な分野に当てはまるといってよいでしょう。20世紀に未来として語られていた壁掛けの大型ディスプレイやテレビ電話などは、より未来的な形で実現されています。それぞれかなりのサイズのプログラミングが行われています。プログラミングの対象にしてもどんどん増えていってしまうので、いつになっても新しいことを学び・最適な方法を考え続ける必要があります。この終わらない学習はつらい側面として取り扱われがちですが、社会に必要とされている新しい何かを生み出す側にまわれることは、いつになってもワクワクできる楽しいものでもあります。

　1万時間の法則に対し、ある程度の段階へ到達するには20時間で十分だという説もあります。やはり漫然と20時間を過ごしてしまっては、それこそどこにも到達はできないでしょう。20時間で十分という説はいかに20時間をうまく使うかということに重点を置いたものですが、本書も限られた紙面の中でいかに今後につなげられるかということにも重点を置いています。本書を読み終えた段階では、まだまだ知らないことだらけでしょう。とはいえ、私も多数の会社やビジネスを通じて1万時間を優に超える実務経験を持っていますが、毎日のように知らないことや新たに考えなければいけないことに出会います。しかし恐れることはありません。本書の最初から、あなたは知らないことや初めて見るものを順次自分のものにしてきました。この15時間の経験を活かして、世界を良くするために共に未来へ進んでいきましょう。

著者略歴

PROFILE

◆露木 誠（Tsuyuki Makoto）

20世紀末、異業種からIT業界へ転身。PythonをはじめJavaやPHPなど、さまざまなプログラミング言語を用いて開発に従事。ソフトウェアエンジニア・チーフアーキテクトとして開発に携わるのみならず、プログラミング講習の講師や自社サービス用工場の立ち上げなど、幅広い領域の仕事をすることも。2016年より株式会社UNCOVER TRUTHにテックリードとして参加。著書に「開発のプロが教える標準Django完全解説（アスキー・メディアワークス）」「Django×Python（LLフレームワークBOOKS）（技術評論社）」「パーフェクトPython（技術評論社）」がある。鎌倉在住。

担当章：0時間目、8〜15時間目

◆小田切 篤（Odagiri Atsushi）

2010年、株式会社ビープラウドに転職。Pythonを使ったWebアプリケーション開発に携わる。利用フレームワークはDjango、Pyramidなど。

担当章：1〜7時間目

◆装丁
小川 純（オガワデザイン）

◆本文デザイン
技術評論社 制作業務部

◆本文・DTP
株式会社トップスタジオ

◆編集
株式会社トップスタジオ

◆担当
原田 崇靖

◆サポートホームページ
http://book.gihyo.jp

15時間でわかる Python 集中講座
2016年2月25日 初版 第1刷発行

著　者	露木誠／小田切篤	
発行者	片岡 巌	
発行所	株式会社技術評論社	
	東京都新宿区市谷左内町 21-13	
	電話 03-3513-6150 販売促進部	
	03-3513-6177 雑誌編集部	
製本／印刷	港北出版印刷株式会社	

定価はカバーに印刷してあります。

造本には細心の注意を払っておりますが、万一、乱丁（ページの乱れ）や落丁（ページの抜け）がございましたら、小社販売促進部までお送りください。送料小社負担にてお取り替えいたします。

本書の一部または全部を著作権法の定める範囲を超え、無断で複写、複製、転載、あるいはファイルに落とすことを禁じます。

© 2016　露木誠／小田切篤

ISBN978-4-7741-7892-9　C3055
Printed in Japan

本書の内容に関するご質問は、下記の宛先までFAXまたは書面にてお送りください。お電話によるご質問、および本書に記載されている内容以外のご質問には、一切お答えできません。あらかじめご了承ください。
万一、添付 DVD-ROM に破損などが発生した場合には、その添付 DVD-ROM を下記までお送りください。トラブルを確認した上で、新しいものと交換させていただきます。

〒162-0846
東京都新宿区市谷左内町 21-13
株式会社技術評論社
『15時間でわかる Python 集中講座』質問係
FAX：03-3513-6173

なお、ご質問の際に記載いただいた個人情報は質問の返答以外の目的には使用いたしません。また、質問の返答後は速やかに破棄させていただきます。